CAREER
NAVIGATION

引領職場成功之路，
從選擇到成功，
掌握職業生涯的方向

職場導航

設計個人生涯規劃，描繪未來藍圖

殷仲桓，邢春如 編著

在現代職場中成功立足，掌握職場競爭的精髓
打造符合自身特質的職業生涯規劃

目錄

目錄

第三章　創造職業

第四章　職業成功

前言

　　小故事，大智慧，智慧是創造成功的泉源。這是一個人人追求成功的時代，智慧的力量具有創造成功態勢的無窮魔力！即具有成功暗示的隨著靈感牽引的成功力。

　　美國著名成功大師戴爾‧卡內基（Dale Carnegie）說：「只要你想成功，你就一定能夠成功」。

　　美國著名潛能學權威安東尼‧羅賓（Anthony Robbins）說：「成功總是伴隨那些有自我成功意識的人！」

　　其實也是這樣，如果一個人連敢想、敢做的心理準備都沒有，那還談何成功呢？

　　成功是一種無限的高度，成功是一種追求的過程。可是很多人不敢去追求成功，不是他們追求不到成功，而是因為他們心裡面預設了一個「高度」，這個高度常常暗示自己的潛意識：成功是不可能的，這是沒有辦法做到的。

　　「心理高度」是人無法取得成就的根本原因之一。人生要不要跳躍？能不能跳過人生的高度？人生能有多大的成功？人生能否實現自我超越？這一切問題並不需要等到事實結果的出現，而只要看看一開始每個人對這些問題是如何思考的，就已經知道答案了。

前 言

　　在人生追求成功的過程中不可能沒有障礙，但只要有成功的心智，我們就可以從人生的谷地走出，攀援到人生的頂峰。我們等待成功的到來，這種成功是伴隨理想追求的人生紀錄，而每個人的成功故事匯成了成功追求過程中最精彩的篇章和最動人的一站。

　　在這個追求成功的時代裡，我們需要懂得成功的方法，更需要學習成功的事蹟，用以開啟成功智慧的行為。成功不在我們追求的終點，也不在寒不可及的高處，它就在你追求的過程之中。

　　為了掌握開啟人生的金鑰匙，實現成功的財智人生，我們收集了成功勵志的精彩智慧故事，內容縱橫，伴隨整個人生成功發展歷程，思想蘊含豐富，表達深入淺出，閃耀著智慧的光芒和精神的力量，具有成功心理暗示和潛在智慧力量開發的功能，具有很強的理念性、系統性和實用性，能夠造成啟迪思想、增強心智、鼓舞士氣、指導成功的作用。這是當代成功勵志故事的高度濃縮和精華薈萃，是成功的奧祕，智慧的泉源，生命的明燈，是當代青年樹立現代觀念、實現財智人生的精神奠基之作，也是各級圖書館珍藏的最佳精品。

第一章　選擇職業

發揮個人優勢

沒有哪一個了解自己天賦的人，會成為一個無用之輩，也沒有哪一個出色的人，在錯誤地判斷自己的天賦時能夠逃脫平庸的命運。

阿提密斯·沃德說：「每個人都有自己的本事，有的人這一方面擅長，有的人那一方面擅長，還有些人不學無術，整日閒散遊蕩，他們擅長的就是無所事事。」

「我有兩次企圖做自己最不擅長的事情。第一次是我想狠狠教訓那個割爛我的帳篷爬進來的可惡的傢伙。我對他說：『先生，請你立刻出去，否則我讓你知道我的厲害。』『來吧，你這個孬種，』他說，於是我向他撲過去，但是他用力抓著我的頭髮，把我從帳篷裡摔到了外面的草地上。接著他開始對我拳打腳踢，直到把我扔到一汪臭水中為止。我站起來看著自己被撕破的衣服，我意識到打架不是我的強項。」

「第二次是我相信自己可以玩馬戲。於是，我搭便車到了一個馬戲團，我前面有一匹馬，後面有兩匹馬。但是站在那個位置之後，這些馬開始踢我，並且不停地叫喚，四蹄揚起動個不停，一點也不聽從我的指揮。最後，我的肚子和後背重重地挨了好幾下，並被踢到其他馬群裡，痛得我像科西嘉野人一樣大聲喊叫起來。我被人拉起來，背回了旅館。我用虛弱的聲音對

自己說：看來你並沒有駕馭那些馬的能力。」

「千萬不要做你不擅長的事情，如果你做了，你會發現自己就像在泥潭裡掙扎一樣，痛苦不堪。」

職業需符合個人特質

在美國西部的報紙上曾經登載過這樣一則求職廣告，它堪稱不明智的求職廣告的典範——

「求職——尋求印刷師的職位，印刷出版公司任何部門的工作職責都能夠承擔；願意接受任何專業領域的教師職位，還可以講授裝飾畫和寫作，以及地理、三角測量及許多其他學科；有做非專業教士的經驗，願意小範圍內指導女士和先生們了解更深的神學知識；可以做牙醫或足病醫生的好助手；樂團男低音或男高音歌手的職位，本人也願意接受。」

這則訊息的最後一行是這樣寫的：

「附：薪水低於一般水準的鋸木工作，本人也願意接受。」

這最後一行文字讓他馬上得到了一份工作，從此這則廣告再也沒有被登載。

如果你找到了適合自己的職位，工作本身就會充分而全面地調動你的才能。而你特別的聰明才智就是你自己的天賦，而

真正適合你的職業應當能夠表現你的個性與天賦。

如果你擁有一份得心應手的工作，就可以充分發揮自己已有的知識和技能，而這才是最有效地利用你的資本。因此，應盡量選擇那種可以最大限度地利用現有經驗，並與自己的個性愛好相吻合的行業。

揚長避短是你選擇職業的原則。在你雄心勃勃為事業而奮鬥的過程中，不可能長期一帆風順，必然會有不如意與挫折。家人、朋友的反對，其他不幸與打擊，都會阻礙你實現心底的願望。因此，你有時也不得不做一些興趣索然的事情。但一個人內心積蓄的熱情，在演說、藝術、音樂或自己最樂於從事的行業中不可遏止地表現出來，就像長期醞釀的火山一樣，終於磅礴噴發。

在某個方面，你永遠不可能有盡善盡美的才華，這種想法你一定要警惕，不要讓它在你的思想上滋生蔓延。要知道，上帝會憎惡自己那些半途而廢的作品，並會耿耿於懷，因此上帝永遠不會幫助那些不完善的才華，它也很難獲得成功。

寧可做鞋匠中的拿破崙（Napoleon），寧可做清潔工中的亞歷山大（Alexander），也不要做根本不懂法律的平庸律師。這是對馬修·阿諾德（Matthew Arnold）的說法的最好詮釋。

選擇擅長的領域

在我們生活的世界上，有半數的人所從事的職業都與自己的天性格格不入，這就好像所有的人被完全打亂秩序攪和在一起，彼此交換了自己本來應有的位置一樣。天性適合做農民的人在濫用和褻瀆法律，而喬特（Rufus Choate）和韋伯斯特（Daniel Webster）這樣的人卻在管理著每況愈下的農場；售貨員想要教書，而天生的教師卻在經營商店。於是，每個人都強烈地意識到自己鬱鬱不得志，因而痛苦不堪。站在櫃檯後的店員對尺寸、算術一點興趣都沒有，所以在那裡三心二意地接待顧客的同時卻夢想著其他職業。應該埋頭苦讀希臘語和拉丁語的孩子在工廠的繁重勞動中一天天憔悴，而成千上萬本來應該愉快勝任務農或水手工作的孩子則在大學裡做著沒完沒了的作業和功課。本來只配粉刷籬笆的人卻充當了在畫布塗鴉的「藝術家」。

一些鞋匠在國會裡濫竽充數，而真正的政治家卻在鼓搗榔頭。沒有神職天賦的人在結結巴巴地布道，而比徹（Henry Ward Beecher）和懷特腓德（George Whitefield）這樣的人卻做了在生意場上並不如意的商店老闆。一位優秀的鞋匠為自己社區的報紙寫了幾行詩歌，朋友們就把他稱為詩人，於是他竟然放棄了自己熟悉的職業，拿起了使用起來並不嫻熟的鋼筆。很多人感到納悶：

為什麼某些人不去做真正適合他們的工作呢？當真正的外科醫生整天掄著砍刀和劈斧時，屠夫們卻在醫院裡幫人截肢。一個從小心靈手巧喜歡使用工具的孩子，竟然一鼓作氣上到大學，從此走上了庸庸碌碌的道路，過著平平凡凡的生活。幸運的是命運注定我們的結局，支配著我們怎樣走到各自的終點。

比其他任何事情都能更強烈地影響到一個人的生活的是他的職業。富蘭克林（Benjamin Franklin）說：「有事可做的人就有了自己的產業，而只有從事天性擅長的職業，才會帶給他利益和榮譽。站著的農夫比跪著的貴族高大得多。」

一個人的職業使他得以施展才華，使他開始積極地生活，激勵他的進取心，讓他覺得自己是個真正的人，因此必須處在真正適合自己的位置上，完成真正的人所應完成的工作，承擔真正的人應該承擔的職責，並表現出真正的人的勇氣與膽識；職業使人肌肉結實、身體強壯，思維敏銳，糾正失誤與偏差，激發創造發明天才。如果沒有從事這樣的職業，他就不會覺得自己是個真正的人。無事可做的人稱不上是完整意義上的人。他無法透過工作來表現自己堅強的個性。骨骼、肌肉和大腦必須組合起來，知道怎樣完成適合自己的工作，進行健全完整的思考，開創一條與眾不同的道路，勇敢地承受起巨大的壓力和職責，只有這樣，才能真正造就自己，使自己成為真正的人。150 磅的肌肉和骨骼不足以構成真正的人，一個腦袋也不足以成為真正的人。

慎重挑選職業

　　如果你的天賦只適合做一些平凡的事情，那麼，你在做這些平凡的事情時，一定要滿懷熱情、竭盡全力、卓有成效地去做，用自己獨特的工作方法使一件平凡的事情成為一門藝術，一定要恪盡職守、孜孜不倦地把一項平凡的工作拓成一項有意義的事業，要比別人做得更好，更要全神貫注地去做，因為非凡的成就只屬於那些心志專一的人，屬於那些一旦確定目標就百折不撓的人。無論這些事情多麼平凡、多麼普通，你都要像研究一項神聖的事業一樣對它進行詳細的研究，還要盡可能學會這一工作中所包含的全部知識和細節。

　　從最底層做起是攀登事業巔峰的基礎。只要與自己的事業相關，任何事情都不能掉以輕心，要對所有的細節了如指掌。在自己所從事的事業中，他們精通所有的細節，這就是斯圖亞特（Gilbert Stuart）和約翰·阿斯特（John Jacob Astor）成功的祕訣。

　　結婚的唯一理由就是愛情，而且，也只有愛情才能使婚姻生活的種種風雨和波折煙消雲散，同樣，只有對職業本身充滿興趣和熱愛之心，才能使絕大部分人面對職業生涯中的風風雨雨，並且努力奮進，直至成功。

　　「放棄學醫的念頭吧。」一位英國的傑出人士對他的姪兒說，

「我們家還從來沒有出過視生命如兒戲的庸醫呢，你的盲目和無知可能會導致患者喪命；至於律師這個行業也有一定的弊端，那些經驗豐富而又謹慎細緻的人怎麼會把與自己性命或財富相關的重大事情交到一個乳臭未乾的毛孩子手中呢？年輕人不光沒有經驗，還往往自以為是，完全意識不到自己手中掌握了客戶的命運砝碼，所以是很難成功的；比較而言，做一名教士的弊端就要小得多，即便一名教士犯了錯誤，比如對教義的理解有誤或宣講有誤，對人們造成的危害也不是那麼明顯，所以，我認為你還是去做一名神職人員比較好。」

惠蒂埃（John Greenleaf Whittier）說：「以前我就一直覺得自己來到這個世界上是帶著某種使命的，而如今，我一定要完成這項使命。」這番話吐露了他的心聲，他感到有某種神祕的力量在指引著他。現在，在律師、醫學、神學、文學或其他一些行業裡，已經人滿為患了，只有那些真正具有傑出天賦的人才會獲得成功。而事業成功過程中不可或缺的關鍵因素就是天性的召喚，對職業的熱愛、執著和沉迷。

如果一個人選擇了自己根本不喜歡、更不能適應的行業，僅僅是因為他的爺爺曾經在這一領域獲得了很高的名望，或者他的母親希望他這樣做，那麼，他還不如做一名月薪 50 美元的電車司機。在其他不適合自己的「好行業」裡，他可能一無是處，而在自己選擇的平凡職業中，他可能成為一名出類拔萃的人。

重視職業倫理

成功，是每個人的渴望。基層員工想升主管，基層主管希望有朝一日當上副總或總經理，總經理希望有一天能成為集團總裁。但是，有些人就是沒辦法成功。而許多才華橫溢、學歷完整、頂著人人稱羨的職位與頭銜的人，卻因為某些個性特質，讓他在邁向成功的關口，沒辦法突破瓶頸，更上一層樓。

美國哈佛商學院 MBA 生涯發展中心主任，華得盧（James Waldroop）與巴特勒（Timothy Butler）博士，接受《財富》500 大企業委託，提供諮商顧問或教練，協助那些明明被看好，但卻表現不佳，快要被炒魷魚的主管；或是即將被普升到最高階層，但是卻有個性特質的障礙；或是表現不錯，但是潛力仍特發揮的企業員工。此外，他們也長期輔導哈佛大學商學院的畢業生。

20 多年來，華得盧與巴特勒輔導了上千個個案。

為什麼有才華的人會失敗？為什麼有才華的人表現會不如預期？關鍵在於你的行為模式。

第一，學會在苦差事中潛水。大多數年輕人最初擇業時，應該經歷一番辛苦繁瑣、單調乏味的工作：為日理萬機的老闆跑跑腿、整理他（她）的通訊錄什麼的。對別人來說，這可能根本就談不上是什麼職業，但你必須把現在的工作當成你漫漫求索之旅的重要起點。

第二，樂於接受並主動要求分外的工作，但要適度。

在展銷會上，你可能還不夠格代表公司，但別讓他們忽視任何你所樂於承擔的工作。如果對如何更好地組織本部門有些創意，大膽說出來。但記住一點：完全有能力處理自己所要求的工作，或能夠全力投入。要想取得真正巨大的成功，千萬別做有違你性格的事，別鼓動朋友或老闆過早地給你一個大顯身手的機會。做一個稱職開心的雇員，在職位上努力不懈，多承擔分外的責任，學習踏實，一步一個腳印。這樣，你一定會贏得應有的認可。

第三，早到遲退，準時露面。對任何雇員來說，準時準點或者早到是一個最重要的法則。

第四，只管做。你的工作還沒取得什麼實質性進展，要想引人注目又受人愛戴的話，有一個絕對可靠的辦法 —— 馬上處理手頭上任何事情。

第五，雄心勃勃，但絕不張揚。真正的成功，除了智慧、人格魅力加努力，沒有別的替代物。你應該暗地裡雄心勃勃，隨時睜大眼睛四處瞄瞄有沒有合適的空缺，伺機而動。事實上，原動力和奉獻是帶來成功和喜悅的最好「進攻」策略。

第六，讓上司臉上有光。你的工作就是要讓主管臉上有光，同時又達到自己的目的。別每做一件事都企求回報，通常他（她）自然會有所考慮，主動去要求就有失穩妥。如果你的

主管做得相當不錯，人氣很旺，而且正在往上升，他很可能會提攜你。雖然你沒有因為以前的成績得到嘉獎，但什麼也沒錯過。人們自然會注意出色的幹將，好口碑總會盡人皆知。

第七，學會接受重創。世界上最成功的人士同時也是最脆弱的。娛樂界的超級明星們被評論家無情抨擊，有受傷害的時候；總統在報紙上被詆毀中傷，有退縮的時候。如果你對任何事情都充滿熱情，那麼你也會不止一次地受到無辜的傷害，但完全沒必要為此憂心忡忡，你應該學會把受到的傷害轉化成推動下一個目標的力量。

第八，與他人友好相處（尤其是老闆，友好順暢的同事關係是你的成功的 50％甚至 60％或 70％），但這不僅僅意味著你只要合群、風趣或「有人緣」就萬事大吉。

波士頓的心理學家哈利說過，商業圈裡很多聰明能幹的才子佳人，一朝得意，最終失敗，致命原因通常是性格過於張揚，親和力太小，摩擦力太大。

第九，切勿眼高手低。我們常常聽說：「這些工作真無聊。」這些人常希望年紀輕就功成名就，但是他們又不喜歡學習求助或徵詢意見。因為這樣會被人以為他們「不勝任」，所以只好裝懂。而且，他們要求完美卻又時常拖延，導致工作庸而平癱瘓。記住：自我檢討一番並且學會失敗。

第十，掌握分寸。不懂分寸的人不知道哪些可以公開講，

哪些只能私下談。也許他們都是好人，沒有心機。但是，在講究組織層級的企業，這種管不住嘴巴的人，只會斷送職業生涯。所以必須隨時為自己豎立警告標示，提醒自己什麼可以說，什麼不能說。

設計個人生涯規劃

首先要了解自己

一個人具有怎樣的成功觀，目標、信心和行動是成功的三大要求。讓我們從零開始，確定什麼才是你事業中最具價值的東西。

第一步：工作中具備哪些東西才叫成功，請在下列項目中盡可能多地找出你的答案：

高額的薪水；

優厚的福利；

晉升的機會；

工作得到認可；

決策自由與權力；

創新的機會；

管理他人的機會；

合作的機會；

為客戶服務的機會；

輕鬆的工作節奏；

優雅的工作環境；

穩定的地位；

獨立；

對個人才智的挑戰；

富於啟發性的管理方式；

責任感；

權威感；

從事籌備工作的機會；

與眾不同；

為社會、為他人做出貢獻；

獲得財富；

對別人施加影響；

良好的工作氛圍。

第二步：其他（請具體指出）。

(1) 現在，再在你的選項挑出 10 個你認為最重要的內容。

(2) 再選出最最重要的 5 項。

(3) 現實工作中你能擁有的哪幾項？

(4) 請簡述你對成功的看法。

(5) 如何看待現在的工作？例如你現在的職責範圍，最近有無得意之作，是否得到相應的報酬或其他形式的認可？

(6) 若離開現在的公司，你願意從事什麼樣的工作？請詳細些。

(7) 不論是否要跳槽，你覺得現在有哪些可以做的事情？

(8) 再次寫出你對成功的定義，這次請寫得詳細些。

請留出充裕的時間給自己做上述練習，也可以將結果錄在磁帶上，或是與好朋友討論一番後再寫在紙上。

這是個有益的思考過程。

我們稱之為「了解自己的過程」。

我們常說：「確定方向是成功的一半。」

還有一句格言說：「越是了解自己，越能得到夢想的東西。」

在你著手尋找或更換工作時，你自己對成功的定義將是你的護身符，帶給你無往不勝的好運氣。

其次要有崇高的信念

如果你懷著崇高的信念，你將擁有一筆財富。

這個信念就是幫助別人。

這個信念將給你事業巨大的幸福。

因為你的品格將得到發展，你將得到趨勢的友誼。

這個原則由作家道格拉斯在許多場合戲劇般地表述過了。

道格拉斯（Douglas Noël Adams）原是牧師，退休之後，他就投入影響數以百計的工作，書能影響數以千計的人，電影能影響數以百萬計的人。

他對每一個人都進行同樣的教導，但是這種教導從來都沒有像長篇小說《崇高的信念》所表現的那樣清楚。

樹立一種信念、一種壯麗的信念 —— 幫助他人。

你給予他人幫助或送東西給他人，並非要得到報酬、補償或讚美，尤其重要的是你要善於保密。

如果你這樣做了，你就能使一個普遍規律的力量發揮出來 —— 你做了好事而力求避免報酬，祝福和報酬反而會大量降臨於你。

每個人都能以他自己的一部分力量幫助別人。你不要以為只有富有的人才能實現這個信念。

不管你做什麼工作，你都可以在你的心中培養一種熾烈的願望：幫助他人。

每一個人都能以自己的一部分力量幫助別人。

我們不要以為只有物質的財富才能實現這個信念，實際

上，只要你有一顆美好的心，往往也會有意外的收穫。

有一天，一個美國兒童俱樂部的代表要求一個人以很少的贈與幫助美國兒童俱樂部，他拒絕了。「滾出去！」他說，「我病了，討厭人們向我要錢！」這位代表扭頭就走，剛剛走到門口，他又停住腳步，轉過身來，親切地望著那個人，說道：「你不想同這些貧困的人分擔疾苦，但是我願意同你分享我所有的一部分東西──一句禱文：願上帝祝福你。」

說罷他就迅速地轉過身，出去了。過了幾天，發生了一件有趣的事。

說過「滾出去」的那個人敲著兒童俱樂部辦公室的門，問道：

「我可以進來嗎？」

他隨身帶著一張 50 萬美元的支票。

他把這張支票放到桌上，說道：

「我贈送這 50 萬美元有一個條件：請你絕不要讓任何人知道我做了這件事。」

「為什麼不讓人知道呢？」代表問他。

「我不希望孩子們知道我的名字，因為我不是一個好人，我是一個罪人。」

這就是我們為什麼不知道這個人的名字的原因，只有那個

兒童俱樂部的代表和一切贈與者中最偉大的一位才知道他的名字。

　　但你要明白一點，他捐助錢財是為了使孩子們避免做出他所做過的錯事。

　　就像那位兒童俱樂部的代表一樣，你可能沒有錢，但是你能與別人分享你擁有的一部分東西：你也能像他一樣，成為偉大事業的一部分；你也能在需要給予的時候慷慨地給予。

　　你最貴重的財產和最偉大的力量常常是看不見和摸不到的。

　　沒有人能拿走它們，你，只有你，才能分配它們。你分給別人的東西愈多，你擁有的東西也會愈多。

　　現在，如果你懷疑這一點，這可自行加以證明，辦法是：給你所遇到的每個人一次微笑，一句親切的話，一句令人愉快的答話，發自內心的溫暖的感激、喝采、鼓勵、希望、信任和稱讚，良好的思想和愉快等等。

　　如果你能做一次實驗：給予別人上述任何一種精神財富，你將體會到：當你把你的東西與別人分享時，你留下的東西就會擴大和增加，而你留住不給別人的東西就會縮小和減少。

　　因此，你應與別人分享好的和值得嚮往的東西，保留那些壞的和不值得嚮往的東西。

要有確切目標

你的世界是要改變的，你有能力選擇你的目標。

當你以積極的心態確定你的主要目的時，你會自然而然地傾向於應用下列 7 條成功原則：

1. 個人的首創精神；
2. 自制力；
3. 創造性的見識；
4. 正確的思考；
5. 集中注意力；
6. 預算時間和財富；
7. 熱情。

現在讓我們看看下面成功的故事是怎樣顯示這些自然傾向的。

羅伯特像許多人一樣，當他閱讀儒勒·凡爾納（Jules Verne）動人的幻想故事《環遊世界八十天》（*Le tour du monde en quatre-vingt jours*）時，他的想像力被激發了。

羅伯特告訴我們：「別人用 80 天環繞世界一周，現在，我為什麼不能用 80 美元周遊世界呢？我相信任何一定的目的都是能夠達到的，如果我們有誠意和信心的話。也就是說，如果我從我所處的地方出發，我就能到達我所想要到達的地方。」「我

想，別的一些人能夠在貨輪上工作而得到橫渡大西洋，再搭便車旅行全世界，我為什麼就不能呢？」

於是羅伯特就從他的口袋裡拿出自來水筆，在一張便條紙上開始列出一個他可能面臨到的問題表，並記下解決每個問題的辦法。

1. 和大藥物公司輝瑞公司簽訂了一個合約，保證為它提供他所要旅行的國家的土壤樣品。

2. 獲得了一張國際司機執照和一套地圖，而以保證提供關於中東道路情況的報告作為回報。

3. 設法找到了海員檔案。

4. 獲得了紐約警察部門開的關於他無犯罪紀錄的證明。

5. 準備了一個青年旅遊招待所會籍。

6. 與一個貨運航空公司達成協定，該公司同意他搭飛機越過大西洋，只要他答應拍攝照片供公司宣傳之用。

當這個 26 歲的青年完成了上述計畫時，他就在口袋裡裝了 80 美元乘飛機離開了紐約市。

他此行的目的是用 80 美元周遊世界。

下面是他的一些經歷：

1. 在加拿大的紐芬蘭島甘德城吃了早餐。他怎樣付餐費呢？他為廚房的廚師照了相，他們都很高興。

2. 在愛爾蘭的珊龍市花 4.8 美元買了 4 條美國紙菸，那時在許多國家裡紙菸和紙幣作為交易的媒介物是同樣便利的。

3. 從巴黎到了維也納，費用是給司機一條紙菸。

4. 從維也納乘火車，越過阿爾卑斯山，到達瑞士，給車掌 4 包紙菸。

5. 乘公共汽車到達敘利亞的首都大馬士革，羅伯特幫敘利亞的一位警察照了相，這位警察為此感到十分自豪，便命令一輛公共汽車免費為他服務。

6. 幫伊拉克的特快運輸公司的經理和職員照一張相，這使他從伊拉克首都巴格達到了伊朗首都德黑蘭。

7. 在曼谷，一家極豪華的旅社錯把他當國王一樣招待。

8. 因為羅伯特提供了那個主人所需要的資訊 —— 一個特殊地區的詳細情況和一套地圖。

9. 身為「飛行浪花」號輪船的一名水手，他從日本到了舊金山。

用 80 天周遊了世界嗎？不，羅伯特・克里斯托福用 84 天周遊了世界。

但他的確達到了目的 —— 用 80 美元周遊了世界。

確定的目的和積極的心態激勵羅伯特應用了 17 條成功原則中的 13 條，從而使他達到了特殊的目標。

讓我們重複說一遍：

一切成就的起點都是積極的心態所要取得的確定的目標的。

　　記住這句話，並且問問你自己：「我的目標是什麼？我真正需要的東西是什麼？」

　　猜想，每 100 人中有 98 人不滿意他們的現狀，但他們心中又缺乏一個他們所喜歡的世界的清晰圖樣。

　　你想想這種情況吧！你想想那些人終生無目的地漂泊，胸懷不滿、反抗、抗爭，但是並沒有一個非常明確的目標。

　　你是否現在就能說說你想在工作中得到什麼？確定你的目標可能是不容易的，它甚至會包含一切痛苦的自我考驗。

　　但無論要花費什麼樣的努力，它都是值得的，因為只要你一說出你的目標，你就能得到許多好處。

　　你正在前往某地，而不是靜止地站著，你現在的重任常常是你不熟悉的溝通的航道。

　　為了成功地到達征途的終點，你需要掌握許多技術。

　　由於電磁效應的干擾會使船舶處於正確的發生偏差，領航員需要做出校正，以便保證他的船舶處於正確的航道上。

　　當你在人生的海洋上航行時，也會遇到各式各樣的干擾。

　　你從航行圖上確定航向發生了偏差時，必須及時校正這種偏差。

　　在你的前面可能有各種失望、苦難和危險。這些東西就是

你的航道上的暗礁和險灘，你必須繞過它們前進，以達到你的目的地，而不會遇到災難。

你想要選定一條正確的航道，就必須依靠你的準確的羅盤。

校正羅盤的誤差並不是一種很難的技術，保證羅盤準確的必要措施就是航行者不斷地校正它。

正如同磁針總是和南北兩極處於一條直線上一樣，當你校正了你的羅盤時，你就會自動地做出反應，和你的目標，你的最高理想，處於一條直線上。

要立刻行動

你知道嗎，工作中失敗的唯一可能是你渴望某種事物卻不採取切實行動去爭取它 —— 對於夢想，你需要採取步驟去發現、去把握、去爭取、甚至去創造！

用實際行動去追求理想是成功的關鍵。

斯通充當美國國際貿易委員會七個執行委員之一時，曾作為該會的代表走訪了亞洲和太平洋地區。

在某個星期二，斯通為澳洲東南部墨爾本城的一些商業工作人員做了一次鼓勵立志的談話。

到下星期四的晚上，斯通接到一個電話，是一家出售金屬櫃公司的經理意斯特打來的。

意斯特很激動地說：

「發生一件令人吃驚的事！你會跟我現在一樣感到振奮的！」

「把這件事告訴我吧！發生了什麼事？」

「我的主要確定目標是把今年的銷售額翻一倍。令人吃驚的是：我竟在 48 小時之內達到了這個目標。」

「你是怎樣達到這個目標的呢？」斯通問意斯特。「你怎樣把你的收入翻一倍的呢？」

意斯特答道：「你在談話中講到你的業務員亞蘭在同一個街區兜售保險單失敗而又成功的故事，記得你說過：有些人可能認為這是做不到了，我相信你的話，我也做了準備。我記住你給我們的自我激勵警句：立刻行動！我就去看我的刷卡紀錄，分析了 10 筆死帳。我準備提前兌現這些帳，這在先前可能是一件相當棘手的事。我重複了立即行動這句話達好幾次，並用積極的心態去訪問這 10 個帳戶。結果做了 8 筆大買賣，發揚積極心態的力量所做出的事是很驚人的 —— 真正驚人的！」

我們的目的與這個特殊的故事相關，你也許沒讀過關於亞蘭的故事，但是你現在就要學會，「立刻行動！」

這聽起來很簡單，但成千上萬的人們都沒能做到這一點。

成功屬於誰？屬於那些充滿自信、鍥而不捨的追求者。

他們永遠全身心地投入、永遠保持著高度的熱忱。

當然，要做到不屈不撓並不容易，人人都有脆弱的時候，

沒有必要永遠硬著頭皮保持一副硬漢形象。

有時候，你的理想會顯得那麼遙不可及（甚至陷於癱瘓），或是看上去只是一個無法實現的幻想。

原因很可能在於你自己太急於求成了。這時不妨放慢節奏，循序漸進。

百萬富翁往往總比別人先行一步，日積月累，他們的身後便留下一串超越常人的值得驕傲的業績。

懂得了這個道理，才會成功。

事業生涯的發展是一個過程，絕非一蹴而就的事情。它需要人們付出很多瑣碎的努力。

在這個過程中，你必須依靠日積月累的辦法，最終，這些瑣碎的努力才會像涓涓細流匯聚力勢不可擋的洶湧波濤，而且有的時候，成功的到來比你預計的要早。

某位演員認為：

當演員的收入並不高，但他說他永遠不會放棄這一行。

與此同時，他也知道自己對於成功的理解是與很多人大相逕庭的；他是這樣描述自己的想法的。

「從表面看來，我的工作並不穩定，也不成功，雖然我也一直夢想能夠擁有自己的房子，每兩年換一部新車，在銀行裡存一大筆錢，隨心所欲地出入飯店，周遊世界等等。但是為了心

愛的演藝事業，我在一定程度上放棄了這些奢侈的夢想。」

從很早開始，基恩·羅德伯瑞就一直夢想創作一部關於到外星旅行的科幻系列片。

可是，他的這一想法卻沒能得到電視臺的支持，因為他們認為基恩的想法過於離奇，不會得到觀眾的認可。

在這種情況下，基恩並沒有放棄自己的主張，他認為高品質的科幻片肯定能受到美國電視觀眾的歡迎。

如今，距離他的《星球之旅》首播已有 30 多年了，這部電影成為美國文化的一部分，劇中的不少臺詞也進入我們的日常用語。

《星球之旅 —— 未來人類》是電視網最受歡迎的節目。

對吉姆·亞伯特（Jim Abbott）來說，不存在「放棄」這個詞。雖然生理上有缺陷，但他卻沒有因此自暴自棄。1992 年，他成為歷史上第一位入選一流棒球隊的獨臂投球手。1993 年，他身為優秀的投球手，加盟紐約揚基隊。雷·查爾斯（Ray Charles）也是這樣一位不屈不撓的人。

他自小雙目失明，15 歲時又失去了雙親。但是，先天的缺陷，後天的不幸，都沒能使他放棄自己的夢想。

身為歌手和鋼琴師，他組建了一個三人演唱組，從事心愛的音樂事業。

多年努力的結果，使他獲得了巨大的成功。他創造性地將藍調和爵士樂完美地融合在一起，雅俗共賞的美妙旋律征服了包括國王和總統在內的成千上萬的聽眾。

莎莉・潔西・拉斐爾（Sally Raphael）是家喻戶曉的喜劇明星。

從很早開始，她就知道自己具備喜劇天賦，善於言辭、才思敏捷，她知道這些天分遲早會令她大展風采。

儘管如此，在正式打入娛樂圈之前，她至少被電視臺、廣播電臺拒聘過不下 18 次。

但她並沒有放棄，如今她已超越了諧星伯尼（Bernie Mac），成為無可替代的喜劇明星。

無論你是當演員，創作電視片，打棒球，還是組建自己的樂隊或當喜劇明星，這並不要緊。

要緊的是，你在為自己定下成功的目標以後開始行動，鍥而不捨。

要適應形勢很多年以前，美國國民銀行和芝加哥信託公司的主管貸款的副行長鮑爾給他的銀行顧客提供了一種服務。

他送一本杜威（John Dewey）和德金著的書《經濟循環》給顧客。因而這些銀行的當事人中有許多人都創造了財富。他們學會和理解了商業循環和趨勢的理論。

其中有些人雖然未能創造新的財富，卻能保住老本，不管

經濟趨勢和變化如何，他們終於沒有損失已經獲得的財富。

擔任經濟循環研究基金會主任多年的愛德華·R·杜威（Edward R. Deway）指出：

每一種活的肌體，無論它是個人、事業或國家，都是逐漸成熟，逐漸發展，然後死亡。

與此同樣重要的是他指出了一種解決方法。

由此，不管經濟循環或趨勢如何，你身為一個個體，是能夠做出一番成就的。

你能夠成功地對付變化的挑戰。

就你和你的利益而論，不管管理體制總的趨勢怎樣，你可以用新的生活、新的血液、新的想法和新的活動，改變區域性的趨勢。

早在報紙報導自 1957 年下半年經濟開始衰退之前，這個銀行的當事人之一就預見到經濟向下循環的趨勢，從而準備開始向上攀登。

他抱著積極的心態，雄心勃勃地開拓事業生涯。

他的公司發展了，到了 1958 年，同上年相比，公司股票的升值達到 30%，而上年股票的升值僅為 25%。

有時顯示出問題的經濟循環，卻並非能影響一種工業或整個國家機關的經濟循環。

　　它可能僅僅是一個個別的商業內的循環，這個問題也能被預測和對付。

　　儘管沿著事物正常發展的軌道走，美國的許多公司都該早已經歷過成熟、發展的階段而走向死亡了，然而我們仍可見它們在不斷地成長。

　　最顯著的一個例子就是杜‧蓬得‧納摩爾公司。

　　沒有必要指出納摩公司還在繼續發展，但是它成功的原因是什麼呢？

　　為什麼它不遵循自然的循環，從成長、成熟、發展到死亡呢？

　　納摩公司用新的生活、新的血液、新的活動對付變化的挑戰。

　　它的管理人員用積極的心態去對付這個問題，並決心戰勝這個問題。

　　他們還在繼續從事探索，不斷地取得新的發現，開創新的產品和完善他們先前的產品。

　　他們把新的血液注射到他們的管理中，並研究和改進他們的銷售方法！學習他們的成功方法！如果你是一個正在創業的百萬富翁，但能用新的想法、新的生活。新的血液、新的活動作為催化劑，你就能把下降的趨勢改為上升的趨勢，你能夠與眾不同！在別人向下游漂去時，你能逆流而上！

選擇能發揮長處的職業

我們每個人在步入社會後都會有選擇職業的困惑，不知道哪一種職業最適合自己。一個青年如果整日無所事事，沒有正當職業，那麼他的生命也將沒有價值了。

一個人在選擇職業時，首先要考慮這份職業是否適合自己，是否有利於社會，是否妨害別人的某些權利。當你對所選擇的職業的正當性有所懷疑時，千萬不要投身其中，否則你的內心會忐忑不安。若你還妄想在這種職業上做出成就，那麼即使你有鋼鐵大王卡內基和富商培彼得的才能也無法達成心願。

一個人選擇的職業如果適合自身的發展，並且能在工作中不斷進步，能夠從中學到知識和技能，而且極有發展前途，那麼這個職業就是一個好職業。如果你可能在一定範圍內選擇職業，那麼你一定不要選擇那些對身體健康有害、損耗精神的職業。你也不要去嘗試那些條件過於苛刻、不利人的身心發展的職業。你只要選擇適合自己的工作就可以了，根本不必有更多的擔心。

為了豐厚的薪水，有些人竟去從事那些卑微的職業，這不但不利於他們的人格發展，而且還會損害他們在人們心中的形象，使他們的志趣消失，埋沒他們本來優秀的才幹，這樣的職業讓他們的前途暗無天日。選擇職業如同選擇一本有益於身心

發展的優秀書籍一樣。要竭盡所能在高尚的職業中挑選一個適合自己的好職業，不但要有光明的前途，而且要利人利己。

無論什麼人，如果不在工作中注重培養和發展自己的品格，那麼他的生命將毫無價值，而且一生也不會做出傲人的成就。

一個才華橫溢的青年，如果選擇了一份耗費體力和精力的卑微職業，那麼他的機智和才幹就會被埋沒，他的前途也會變得渺茫起來。

「做人如逆水行舟，不進則退。」這句俗語青年們應時刻牢記。

有許多青年身懷絕技、才智過人，具備了成就大業的一切條件，但他們卻沒有在選擇職業時慎重思考，選擇了那些毫無意義、使人墮落的工作，無謂地消耗了自己的智慧和體能，致使事業上一敗塗地，失去了成功的機會。

另一些青年人的做法更不明智。他們不但犧牲了自己的人格尊嚴，而且所做的事又害人害己，甚至傷天害理，最終的目的只是為了點滴的財富。從另一個角度說，他們只是為了一時的欲望和快樂，卻不惜敗壞一生的名譽，這樣做太不值得了！

世界上最可悲的事莫過於讓一個人違背自己的良心和意志去做他不願從事的工作。如果一個有理想、有抱負的青年，藉口命運不佳、謀生困難而違背自己的天性，拋開自己的人格尊嚴，不惜犧牲自己的一切，去從事那些耗費智慧和體能的卑微

職業，那麼他的做法不但不明智，而且還很可悲可憐。他們本可以讓生活充滿陽光，但現在卻只能在黑暗中痛苦掙扎。

一個人可以去做泥水匠、建築工人、印刷工、紡織工、採煤工等許多平凡的工作，還可去做醫生、教師、商人、企業家、建築師、藝術家等許多高尚的工作，但是絕對不能去做傷天害理、妨害自尊、犧牲快樂、違背自然規律的事。

如果你想成就偉業，就去制定你一生的宏偉藍圖吧！並且竭盡一生的才智和精力去勾畫它，為它塗上絢爛的色彩。

成功者在遇事時總要先仔細思考：這件事的重點應放在哪一個方面；怎樣做才能夠顧全大局，既不有損品格，也不耗損精力，而且還能夠最大限度地獲取效益。然後，再去選擇一個最適合自己發展的環境和空間，在這個環境和空間中充分發揮自己的才智，把事情做得完滿漂亮，只有這樣，才能實現所期待的願望和目標。無論做什麼事，你都要選擇與你的品格、才智和體力相協調的環境，而且在做事之初就要放得開手腳，然後才奮力向前，奔向成功。

還有人認為，小時候感興趣，長大後便能在這方面如魚得水，獲得成功。這是一種錯誤的想法。有些人為這種錯誤的想法勞累了半生，人到中年時才突然覺醒，這時，迷途時累積的豐富經驗，會在他的事業走入正軌時幫助他順利地展開工作。

當我們在開始時就選中了最適合自己的職業，那麼在發展

事業的過程中也不要急躁、草率地行事。很多時候，才智機敏的青年們並不會被選擇職業而困惑，但他們在遇到好的發展機會時也會心緒紊亂不知所措，不知道自己該不該做、應該怎樣去做。所以說，青年人要端正態度、端正品格、勤奮努力、沒有太大的野心，才能在社會上找到適合自己的位置。

喬治·皮博迪（George Peabody）是美國著名的銀行家，有人問他：「你是怎樣找到這份工作，並把它作為一生的職業的？」喬治·皮博迪回答說：「怎麼說呢？其實我並沒有去尋找什麼職業，是它自己找上門來的。」有時決定我們選擇某種職業的可能是一些細小的事情，一次偶發事件、一個特殊的環境、一次痛苦的失學經歷、一個窮困的家庭等等這些細小的事情可能對我們的一生命運都有影響。一本偶然讀到的好書、一次熱情洋溢的演講、一次慘痛的教訓、一次嚴厲的批評、一次嘉獎、一次意外的危險等等都可能影響我們一生事業的成敗。

關於如何工作、怎樣工作，亨利·戴克（Henry van Dyke）教授評價說：「一個人最嚴重的傷痛就是遇事猶豫不決、優柔寡斷。凡事只要有興趣有把握就要放開手腳立即去做，不要總無謂地思慮擔憂，這樣不利於發展自己的事業。只有誠實勤懇、努力工作才能夠成就大事。」托馬斯·斯賴克博士也說：「我做事從不猶猶豫豫、思前想後，而是仔細思考如何動手去做，所以我成功了。」

求職伊始，許多人便心緒紊亂、不知所措了，因為他們總是想：「我能做什麼呢？」「哪一個職位更適合我呢？」「哪一個職位更有發展呢？」如果此時有人能夠給他們一定的指導，那麼他們便能很快消除煩惱和憂慮，找到適合自己的職業，而且也能夠在這個職位充分發揮自己的才智。如果沒有給予他們正確的指導，那麼他們也許不能找到適合自己的職業，這不但埋沒了他們的才華，對人類文明也是一個損失。所以當你選擇職業時，必須在所有可能的事業中，挑選你最能夠勝任的職業作為你一生的事業。

　　我們一生的終點不能停留在某一個職業上，世界上不乏這樣的人，他們只知道守住現在的職業，把它當作一生中的事業和謀生的手段，這樣的做法太幼稚，太單一了！我們要根據實際情況和自身條件，不失時機機動靈活地選擇職業，要有深謀遠慮。對我們來說，工作與職業也是一門廣博的學問，努力追求進步、學會怎樣為人處世、怎樣待人接物、怎樣發展自己不都是在工作的過程中逐漸掌握的嗎？

尋找有效的求職途徑

　　一個想做新聞記者的青年，來到美國西部的一個城市謀求發展。那裡的一切都是陌生的，這讓他不知如何是好，情急之

下他寫信去請教馬克·吐溫（Mark Twain）先生。不久，馬克·吐溫先生回信給他，問他想進哪一家報社，這家報社在哪。

接到回信後，年輕人興奮不已，立即回信告知報社的名稱和地址，並衷心地感謝馬克·吐溫先生在百忙之中給他回信，表示願意接受他的指導。

幾天後，年輕人再次接到了馬克·吐溫先生的回信，信中說：「年輕人，如果你肯暫時放棄薪水去工作，那麼哪一家報社都不會拒絕你加入他們的團隊。至於薪水，你可以工作一個月以後再慢慢解決。你可以對報社主編說，近來你很想找一份工作來充實你空虛的生活，但是可以先不計報酬。無論報社需不需要新聞記者，他們都不會拒絕你。」

「當你得到這份工作後，一定要充分發揮你的才幹，主動做事，虛心求教，讓同事們主動接納你，甚至感覺離不開你。此時，你再去採訪，捕捉新聞事件，寫成稿件交給編輯部。如果你的稿件的確符合出版要求，他們便會源源不斷地出版你的新聞稿。漸漸地，你會被晉升為正式的外派記者或者編輯，同事們也會對你刮目相看，薪水也就不成問題了。發表的文章越多，你的名氣也越大，遲早會得到豐厚的薪水。」

「你的名氣大了，其他的報社便爭相來聘用你。這時，你再拿著聘書去見主編。如果主編答應給你豐厚月薪，那麼你就可留下來繼續工作。但是此時，其他報社給你的薪水也許更高，

但只要數目不懸殊，你最好不要離開。」

年輕人讀完馬克・吐溫先生的回信，對這種做法半信半疑。最後他決定去嘗試一下。不久，他果然進了一家知名報社的編輯部。一個月後，另一家報社發來了聘書給他。原來的報社知道後，以雙倍的月薪聘用他，於是他便留下來繼續工作。在他工作的 4 年裡，先後有兩家報社發了聘書給他，他也因此兩次加薪。現在，他已坐到主編的位置上了。

在馬克・吐溫先生的指導下，另有 5 位青年也找到了理想的工作。美國一家權威日報的主編，原來不過是一位普通的青年，按照馬克・吐溫先生的方法進了報社，並透過自己的努力得到了現在的職位，昔日的夢想變成了現實。

「年輕人只要充滿自信、意志堅定、辦事謹慎而周到，那麼他無論走到哪裡都能夠找到一份好工作，並且得到重要的職位。」這是昌希・迪普先生的一句名言。

為了能夠將道理解釋得更清楚，昌希・迪普先生還舉了這樣一個事例：有一個青年名叫詹姆斯・路特，住在伊利鐵路局附近的普通民房裡。最初他只是鐵路局管理貨物的小職員，薪水微薄，工作辛苦。但他從不對工作敷衍了事，總是盡職盡責。上司對他的工作成績很是滿意，於是提拔他做車站貨運部的主管。在以後的工作中，路特更加努力，對車站的貨運事物全面整治，使原來混亂的貨運狀況得到了徹底的改觀。他的業

績在鐵路部門極為**轟動**，凡是認識路特的人都對他讚不絕口。於是，他又晉升為伊利鐵路中央鐵路管理處主任。伊利鐵路的總負責人凡德爾比特先生很賞識路特的才華，又以年薪 15,000 美元的高薪聘他做中央鐵路局貨運部主任。

一天，路特向凡德爾比特先生請教工作中幾個難以解決的問題。但是，凡德爾比特先生問路特：「你憑什麼每年拿 15,000 美元的高薪呢？」「因為我負責管理貨運方面的各項事務。」路特回答道。「你向我求教是不是想把這筆薪水支付給我呢？」凡德爾比特先生毫不客氣地說。路特被問得啞口無言，立即離開了。此後不久，路特經過努力終於解決了那些難題。後來，路特又被晉升為中央鐵路局副局長。在凡德爾比特退休後，路特接替他做了中央鐵路局局長。昌希·迪普深有感慨地說：「如果路特當初自暴自棄，不盡心去解決工作中的種種難題，現在坐在局長位置上的也許就是別人了。」

第二章　職業競爭

主動展現自我

金融界的傑出人物羅塞爾‧塞奇說：「單槍匹馬，既無閱歷又無背景的年輕人起步的最好辦法是：先謀求一個職位；第二要忠誠；第三要保持沉默；第四要細緻觀察；第五要讓雇主覺得他不可或缺；第六要有禮貌、有修養。」約翰‧沃納梅克（John Wanamaker）在成功方面給年輕人提出的忠告是「人品正直、細緻入微、為人謹慎、注重細節」，他的座右銘是「做下一件事」。愛默生（Ralph Waldo Emerson）曾經說：「對於工作，不要期望太多或好高騖遠，做那些指派給你的工作。」

在我們的生活中，不管你從事什麼職業，一定要淋漓盡致地發揮自己的天賦和才能。而在多數人眼中，命定的職業或天召的職責僅僅是謀生的手段。生活本來可以更加壯麗輝煌，人本來可以成為頂天立地的男子漢。我們具備了上天賦予我們的種種才能，本來可以使生活充實，使人生美滿、碩果纍纍，但是相較而言，人僅僅為了謀生而生活、而工作的觀點是多麼卑鄙和庸俗啊！又有多少人面對賦予他們的偉大使命時退縮不前，不敢開啟生活的廣闊畫卷，沒有能夠使自己成長為一個真正有益於社會的人。做一個真正完整的人，正如太陽一樣，把光芒灑向大地人間，讓世界五彩繽紛，芳香怡人！

約翰‧安格魯有一席話說得相當精闢，他說：「我知道，我

只能不斷地發現，並以一顆快樂的心靈來完成天召的使命，我不能主宰宇宙或塵世的浮沉。工作是我流芳百世最好的途徑。現在默默無聞地安息了的人，許多都已完成了自己的工作。你可能要問，既然他們默默無聞，你怎麼仍然知道他們呢？是天使使他們各得其所，對他們的讚美像鮮花一樣遍地開放。」

以優勢力壓競爭對手

職業生涯設計的前提是，知道自身優勢是什麼，並將自己的生活、工作和事業發展都設立在這個優勢之上，這樣方能成功。

成功心理學家發現，每個人都有天生的優勢。截至目前為止，人類共有 400 多種優勢。實際上，一個人擁有優勢的種類和數量並不重要，最重要的是否知道自己的優勢是什麼。

森林裡的動物們創辦了一所學校。學生中有小雞、小鴨、小鳥、小兔、小山羊、小松鼠等，學校為牠們開設了唱歌、跳舞、跑步、爬山和游泳 5 門課程。

第一天上跑步課，小兔興奮地在體育場地跑了一個來回，並自豪地說：「我能做好我天生就喜歡做的事！」而看看其他小動物，撅著嘴、沉著臉，萬分痛苦。放學後，小兔回到家對媽媽說：「這個學校真棒！我太喜歡了。」

第二天一大早，小兔蹦蹦跳跳來到學校。上課時老師宣布，今天上游泳課。只見小鴨興奮地一下跳進了水裡，而天生怕水、不會游泳的小兔傻了眼，其他小動物更沒辦法。

接下來，第三天是唱歌課，第四天是爬山課……學校裡的每一天課程，小動物們總有喜歡的和不喜歡的。

這個寓言故事詮釋了一個通俗的哲理，那就是「不能讓小鴨子學跑步，小兔子學游泳」。小兔子根本不是學游泳的料，即使再刻苦地也不會成為游泳能手；相反，如果訓練得當，牠肯定會成為跑步冠軍。因此，要成功，小兔子就應跑步，小鴨子就該游泳，小松鼠就得爬樹。

成功心理學的理論告訴我們，判斷一個人是否成功，最主要看他是否最大限度地發揮了自己的優勢。最大限度地發揮自身優勢，便是一個人職業生涯設計成功的重要依據。

成功心理學創始人唐納·克利夫頓博士（Donald O. Clifton）指出，成功者一般都了解自己優勢的所在。現實生活中的平庸者和失敗者，主要是沒有正確掌握自己的優勢是哪種型別。

雷德在公司行銷部門工作 6 年，眼見與他差不多時候進入公司的同事一個個地被加薪、晉升，唯獨他還在「原地踏步」，為此他感到不滿與焦慮。於是他向職業顧問進行諮商。

經過多次診斷與情境分析，職業顧問發現雷德是個典型的閱讀者（人在個性特質上存在著閱讀者和傾聽者的區別）。如果

公司要求他草擬、製作商場年節促銷企劃案，他能夠順利完成；但若讓他與部門其他同事共同參加部門經理工作會議，各自闡述各個企劃案的核心及實施要點時，即便雷德的企劃案比其他同事「出彩」，但最終他還是會被淘汰「出局」。

對此，雷德的經理也滿腹怨言，認為他的闡述不得要領，常常在不相關的主題上喋喋不休……但雷德卻從不認為自己的語言表達能力有問題。

為此，顧問將雷德的闡述過程全部錄影，重播診斷後再次確認，雷德的確是個閱讀者而非傾聽者。如果讓他以書面形式回答其他部門經理的提問，他能夠直奔主題；倘若讓他在現場回答自由發問的經理們的問題時，他便無法抓住對方問題的核心。閱讀者很難成為優秀的傾聽者，反之亦然。

因此，若想獲得職業的成功，你首先要學會辨識、發現自己天生的才幹與優勢。

諾貝爾獎得主無疑都是取得傑出成就的人士，總結其成功之道，除了超凡的智力與努力之外，其善於職業生涯設計不能不說是十分重要的一環。他們在職業生涯設計中掌握住了關鍵的一條，就是根據自己的優勢決定終身職業。

當你經過一段時間的探索和思考，對自己的興趣以及思維、知識結構等方面的長短有所了解後，就不妨揚長避短，按自身優勢進行職業生涯定位。如愛因斯坦（Albert Einstein）的思

考方式偏向直覺，他就沒有選擇數學而是選擇更需要直覺的理論物理作為事業的主攻方向。

成功者的成功事實向我們證明：在自己的職業生涯設計中，如果你能根據自身長處選擇職業並「順勢而為」地將自己的優勢發揮得淋漓盡致，就會事半功倍，如魚得水。如果你像讓兔子學游泳那樣選擇了與自身愛好、興趣、特長「背道而馳」的職業，那麼，即使後天再勤奮彌補，即使你耗費了九牛二虎之力，也是事倍功半，難以補拙。

因為，才幹是一個人所具備的貫穿始終、且能產生效益的感覺和行為模式，它是先天和早期形成的，一旦定型很難改變，無法培訓。而優勢，通俗的說法是一個人天生做一件事能比其他一萬個人做得好。

據悉，沃爾瑪、通用、GE、可口可樂、麥當勞、微軟、IBM、HP、埃克森美孚、美林、花旗、荷蘭銀行、希爾頓、安聯人壽、波音、BMW、奧迪、TOYOTA、Sony、飛利浦、西門子、KODAK、FUJIFILM、輝瑞、強生、拜耳、杜邦、P&G、三菱重工、Canon 等全球 100 多家知名企業，都正在積極開發員工的自身優勢來提升員工的工作效率。

成功心理學在大量實驗的基礎上，總結出一個基本規律，讓你知道自己的優勢何在：

當你看到別人在做某件事時，你心裡是否有一種癢癢的召

喚感 —— 我也想做這件事；當你完成某件事時，你心裡是否會有一種愉快的欣慰感 —— 我還可以把這件事做得更好；你在做某類事情時幾乎是自發地、無師自通地就能將其完成得很好；你在做某類事情時不是一步一步、而是行雲流水般地一氣呵成……這些都是最重要的訊號，它詮釋了你的優勢所在。

選擇信譽良好的公司

如果你對自己基本上有了一個客觀和清楚的認知，那麼要祝賀你。然而，如何能夠知彼，卻依然不是一件容易的事。比如說，選擇一家成功而且適合自己的公司。

很多年輕人經常面臨這樣的選擇：有兩家公司都要我，一家是財富 500 強之一，但職位較低，工作內容好像也較單一；一家是小企業，職位聽起來還不錯，同時可以鍛鍊自己的綜合能力。我該選哪家？

大公司部門間分工較為明確，部門之間工作的銜接與溝通也做得很好。在大公司裡，管理過於僵化，而且總是優秀人才的集中，如果不是特別地優秀，總難以脫穎而出，得不到有效的鍛鍊，不利於短期內個人成長，還容易讓人看不到前途而產生悲觀思想。

小公司有不錯的行業背景和發展潛力，並且具有強大的生

命力和發展空間。選擇這樣的小公司，往往可以讓自己和企業共同前進，最後成為「雙贏」的結局。在小公司裡，有著相對寬鬆的發展空間。往往是身兼數職，更有機會獨當一面，有機會接觸到更多的人和事，可以開闊自己的眼界和提升自身的能力。經過這樣的鍛鍊和考驗後，個人職業綜合素養會得到一定程度的進步，滿足更高層次管理職位的需求，發展是必然的趨勢，在小公司裡的職業發展線路也可以成就優秀的專業經理人。而且，伴隨著公司成長的人才，為公司發展做出貢獻的員工，無論走到哪裡都會被人重視和重用的。

許多優秀的人才因為選錯公司而使自己陷進將來失敗的境地中。不過，公司真的失敗了也好，至少還有機會重新開始；最糟糕的是公司一直不死不活地處於維持狀態，這樣使優秀人才和公司一樣沒有任何進展。起碼你浪費了幾年的時間，而且是人生中最寶貴的幾年時間。

無論你如何優秀，如果搭乘鐵達尼號，能否平安上岸，還得靠運氣。因此，把自己和一個注定失敗的公司綁在一起，是不值得的事情。

工作的第一家公司的知名度和實力往往展現著個人的資力，會為未來打下好的基礎。個人的未來往往和公司的未來密切相關，因此，首先要進人前景光明的公司。

選擇公司應該遵循以下這些原則：

── 選擇有發展前途的公司，這家從事的是否是朝陽產業，一個有前途的行業。

　　── 選擇有良好氛圍的公司，而且該公司的文化、辦公氣氛要適合自己。

　　── 適合自己的，自己的特點和素養和公司業務相關。

　　── 能夠學以致用，自己能夠在這家公司獲得較大發展的。

　　另外，一家優秀的公司才能發揮你的能力，成為你實現個人價值的最佳平臺，只有這樣，你的工作才有意義。我們找工作都是為了找一份好工作，那麼，就請你認真選擇工作平臺 ── 公司，一家真正優秀的公司。

　　就業是雙向選擇的，就業者在展現自己的才識、素養、能力的同時，也要認真考察公司是否適合自己，你可能要為之工作的公司是否是一家成功的公司？

　　一般來說，要辨識一家優秀的公司，你可以從以下這些方面對照。

(1) 公司從事有前途的行業

　　我們可不希望自己的公司在幾年後就逐漸衰落，天天走下坡路。選擇從事一個有前途的行業的公司，會使你終生受益，你的生存品質和狀態完全可以得到保障。在一個破落即將倒閉

的公司做總裁還不如在一個生機勃勃很有發展前途的公司做個主管，這個道理誰都知道，但是真正選擇起來，還是有點難度。

(2) 公司的經濟狀況

你選擇公司的基本依據應是它的經濟狀況，而它當前與未來的獲得性以及它的長期發展前景則應當是你決定選擇這個公司的關鍵因素。在你選擇的時候，你必須正面考慮一些關於公司經濟狀況的問題。關於這些，你可以從公司的待遇水準，福利水準等方面考察。

另外，考慮一下公司所處的整個經濟環境怎麼樣，以及公司自身的適應能力，這也是你選擇的關鍵。

(3) 公司員工的精神狀態

如果對上述所有問題的答覆還不足以使你肯定該公司是否成功，你也許應該再深入一步，開始考察公司內部的工作狀況了。也就是說，現在該探討你所在公司內部的整個風氣和員工的精神狀態了。

　　—— 員工普遍心情舒暢還是精神不振？

　　—— 人們是否感到自己得到了充分的嘉獎？

　　—— 公司內部有良好的人際關係嗎？

(4) 員工的責任感

儘管人際關係和員工精神狀態都很重要，但是你應注意的還有你的同事對公司及其目標的責任感如何。這個因素對該公司的經營管理也很重要。你應該問問自己下面這樣一些問題：

—— 員工們是否都全身心地投入到了手上的工作中？

—— 在你所在的公司中，員工流動量是否很大？

如果公司得不到員工們的全力支持，你就要仔細想想，你為什麼要去那裡工作？

(5) 公司的管理水準

你需要考慮的還不僅是你的同事們的精神狀態和責任感。不管公司員工的幹勁和動機如何，如果從來沒人一清二楚地告訴過他們關於公司的目標和工作方法，那麼這個公司很快就會敗落。

—— 項目的內容是否安排得很清楚？員工的工作是否交代得很明白？

—— 員工都明白自己在公司中的作用嗎？

—— 員工們是否明白怎樣完成公司的目標？

(6) 注意虧損部門

通常，人們去了解一家公司，發現它大有前途並且營利很多，於是認為自己到這樣的公司工作是一個正確的決定。但是

他們不知道，這家公司整體來說是營利的，可他們去的那個部門卻是虧損的。這樣的公司我們就需要萬分小心，首先要觀察自己所在部門是不是核心部門或者必需部門（比如辦公室，財務部，人事部），如果不是，就應該透過各種管道了解真實的情況。

(7) 公司的企業文化

在選擇工作時，人們很少考慮到公司的企業文化。可是，如果你只注意薪水或等表面因素，那麼等你發現這個公司的企業文化與你的企業文化相牴觸，或是它的價值觀同你的價值觀相衝突時，你就會感到在這裡待不下去。

不管怎樣，有一件事是確定無疑的，那就是在你不滿意的環境裡工作，你肯定不會獲得成功。當你選擇工作時，你實際上是在選擇一整套價值觀，在選擇處理人際關係的方式和生活方式。

無論你討厭還是喜歡你工作過的公司，一定程度上是由於企業文化上的因素。你自己過去的工作經歷會告訴你，企業文化能夠影響到你在那裡工作是否心情愉快。

(8) 實地考察

最後最好能去實地考察一下你所嚮往的公司，看看它是否真的適合你。

── 透過觀察這家單位的辦公場所、辦公設施等有形資產，你會對這家公司形成一個基本的物質判斷。它是井然有序的，還是雜亂無章的？它是新的，還是舊的？它是很大的，還是很小的？

　　── 一般公司都會有自己的企業文化或者企業口號，你要留心觀察和思索這些地方，這往往是企業的意志、性格、思想和欲望的直接表達。

　　── 如果有可能，你可以查閱一下公司的宣傳數據或者內部刊物，了解它的歷史，同樣重要的是這種歷史是以何種傾向寫成的。對於任何公司來說，宣傳冊上所流露出的態度和訊息都是它所提倡，或者希望的主流價值觀。你以此來判斷這種價值觀是否適合自己的發展。

　　── 另外，如果可能的話，你還要了解這家公司在歷史上都經歷了哪些挫折和教訓，由此提倡什麼，或者排斥什麼？你要將這些原則牢記。並且引以為戒。

　　── 還有一點很容易為人們所忽視，但同樣非常重要：你要觀察人情，留心員工之間的隻言片語。這些細碎之處，才往往容易流露出一個公司真正的理念和文化。

堅持不懈，達成目標

21 世紀，全球進入完全競爭的時代，未來的職場競爭更冷酷、無情——適者生存，不適者淘汰。這樣一來，無論在職者或準備就業的人，唯有不斷調整自己的心態、觀念和行為，才能永遠在職場中取得競爭的優勢。

在人的一生中，時時刻刻都存在著選擇。可以說，人生中最愉快的莫過於選擇，最痛苦的也莫過於選擇；成功是選擇的成功，失敗是選擇的失敗。選擇職業也是一樣。

有這樣一則寓言：在乾枯的草原上，一頭小毛驢正艱辛地尋找著青草，牠已經好幾天沒有吃到食物了。突然，好運降臨了，在牠左右兩邊各出現了一堆青草。這兩堆草都是綠油油的，與小毛驢的距離也都相差無幾。小毛驢對此犯了難，先吃這一堆還是先吃那一堆呢？在猶豫不決中，小毛驢被活活餓死了。

死在兩堆青草中間的小毛驢無疑是在告誡我們，不懂得選擇，不會取捨，只能眼睜睜地「餓死」。如果小毛驢立刻抉擇，去吃其中的一堆青草，牠絕不會餓死。如果小毛驢能明白自己只是想吃草，活下去，就沒有必要在兩堆草之間猶豫不決，只需走到左邊或右邊，就可以讓自己充滿生存的能量。

在選擇職業中最容易出現這種猶豫不決的心態，儘管人人

都說無法容忍遲疑不決。猶豫是思想和意志的搖擺。猶豫是思想和意志的搖擺。猶豫愈久，就愈消失時機，消失你的意志……

　　年輕人在進行職業生涯規劃時，更應學會選擇；猶豫不決，輕者讓你失去一次機會，重者甚至可以讓你的生命失去意義。成功者，都是在求職過程中會選擇的人。透過對上千名哈佛畢業生跟蹤調查發現，大部分擇業失敗者都出現「毛驢的猶豫」現象。

　　而且對求職失敗者調查發現，很多人之所以猶豫不決，不懂得選擇，主要是沒有明確的職業目標。正如氧氣之於生命，選擇職業生涯的目標也是絕對必要的。如果沒有氧氣，沒有人能夠生存；如果沒有職業目標，將會失去選擇職業的能力和意識。

　　一天，兩個孩子走進深山，發現了兩隻小狼，就想抱回家。可是，他們也非常清楚，老狼就在附近。經過片刻考慮，他們兩個各抱一隻小狼爬上兩棵大樹，兩樹之間大約相距幾十公尺遠。

　　兩個小孩在樹上準備妥當之後，一個孩子用力掐小狼耳朵，痛得小狼嚎叫連天，老狼聞聲奔來，氣急敗壞地在樹下亂抓亂咬。另一棵樹上的孩子見老狼在同伴的樹下發狂，於是狠狠地擰小狼的腿。這隻小狼也連聲嗷叫，老狼又向這棵樹撲

來。就這樣，老狼在兩樹之間不停地跑來跑去，最後累死了。

如果你不知道你自己的一生要的是什麼，你還想得到什麼？

我們常常聽見求職者這樣說：「我需要一份工作！」當讓他把工作描述一番時，他通常目瞪口呆。而後，又頗為感慨地說：「找份工作怎麼這麼難呢？」

事實上究竟是怎樣一種情景呢？什麼是職業？應該如何選擇職業？

在英語中，「職業」這個詞是個模糊的概念，它有三種含義：

第一，它表示工作，與讀書或休閒相對。因此，當我們談到「工作服飾」時，指的是在工作中的著裝，而不是在讀書或休閒時所穿的衣服。

第二，它表示一個人的工作生涯。這樣，當人們在某人生命結束時談及他，說「他或她有光輝的一生」時，人們指的不是他從事的某一特定職業，而是這個人曾經擁有的職位和他（她）所做的所有工作。

第三，在通常意義上，它是被用來做職位或工作的同義詞 —— 特別是當這種職位或工作提供了向更高一層前進的提升機會。這種朝著目標的運動是它的最初含義。

事實上，職業基本上由職業名稱和職業領域兩部分構成。例如，假如你想成為一名管理顧問，「管理顧問」就是職業名

稱。絕大部分人就到此為止了，所以他們不久又投入了求職當中。選擇了職業名稱還遠遠不夠，你應該更進一步決定在哪一個領域尋找工作。

你決定在什麼領域成為一名管理顧問呢？你想為誰做管理顧問？是為律師事務所、花園公司、野營公司，還是為製造汽車的公司、電腦公司或其他的什麼？這看來有很大的不同，是不是？法律、花園、野營、汽車、電腦……等等這些稱之為領域。

在選擇職業時，既要選擇職業名稱，也要選擇職業領域。請記住這個公式，這將會給你極大的幫助。

比如，假如你努力尋找一份管理顧問的工作，可經過很長時間的尋找，仍毫無頭緒，上面的公式將會讓你明白問題出在哪。你只是說「我想成為一名管理顧問」，而僅僅如此是不夠的，「管理顧問」只是一個職業名稱。

如果你想獲得更好的工作，那你就必須把這一職業具體描述出來，並自我限定準備在哪一天得到這份工作。你絕不能對自己說：「我希望有一個更好的工作，不錯，我想當業務員，也許是業務員吧！」你必須用肯定的語氣說：「我希望有一個更好的工作，我要推銷某種商品。我現在就去找奧斯先生談談，向他請教請教，他已經做了 10 年的推銷工作了。然後我向應徵業務員的 7 個公司寫自薦信。過一個星期，我再打個電話給每家

收信公司，請他們為我安排一次面試。」

很顯然，你一定能明白這兩種心態的人哪一種更容易擇業成功？

別猶豫，學會選擇。這是保證擇業成功的公式。因此，為了使你的求職成功，除了選擇職業名稱，你還必須選定職業領域。只有當你選定了你做管理顧問所在的領域時，你的求職才可能從困難與不可能之間踏上成功求職之路。只確定職業名稱，目標過大，過於分散，很難會有成功的可能。

一艘沒有舵的船，永遠漂流不定，只會漂泊到失望、失敗和沮喪的海灘。一個沒有目標的人，永遠不會實現自己的美夢，只能空耗了自己的巨大力量。

對此，世界潛能大師安東尼‧羅賓曾感嘆：「有什麼樣的目標，就有什麼的人生！」

沒有目標的人，儘管他們有巨大的力量與潛能，但他們把精力放在小事情上而忘記了自己本應做什麼。換句話說，目標能助你集中精力。而且，當你全神貫注於自己有優勢、有高回報、有興趣的目標上，會使你激發巨大的潛能。另外，當你不停地在自己有優勢的方面努力時，這些優勢會得到進一步發展。

哈佛大學的師生普遍認為，在實現目標時，你自己成為什麼樣的人比你得到什麼東西重要得多。

目標的作用不僅是界定追求的最終結果，它在整個人生旅

途中都起著重要作用。可以說，目標是成功路上的里程碑。

你為自己定下目標之後，目標就會在兩個方面發揮作用：它是努力的依據，也是對你的鞭策。目標給了你一個看得見的射擊靶。隨著你努力實現這些目標，你會有成就感。對許多人來說，制定和實現目標就像一場比賽。

隨著時間的推移，你實現了一個又一個目標，這時你的思維方式和工作方式也會漸漸改變。有一點很重要，你的目標必須是具體的，可以實現的。如果目標不具體 —— 無法衡量是否能實現了，會降低你的積極性。為什麼？因為向目標邁進是動力的泉源。如果你無法知道自己向目標前進了多少，就會感到洩氣，導致最終自己再無勇氣挑戰下去。

1952 年 7 月 4 日清晨，34 歲的費羅倫絲·查德威克（Florence May Chadwick）在海岸以西 21 英里的卡塔林納島上，涉水進入太平洋中，開始向加州海岸游去。要是成功了，她就是第一個游過這個海峽的女性。這名婦女名叫費羅倫絲·查德威克。在此之前，她是第一個游過英吉利海峽的婦女。那天早晨，海水凍得她身體發麻，濃霧籠罩著加利福尼亞海岸，查德威克連護送她的船都幾乎看不到。時間一個鐘頭一個鐘頭過去，千千萬萬的人在電視上注視著她。有幾次，鯊魚靠近了她，被人開槍嚇跑了。她仍然在游。在以往這類渡海游泳中，她的最大問題不是疲勞，而是刺骨的寒冷的海水。

15 個鐘頭之後，她被冰冷的海水凍得渾身疼痛。她知道自己不能再游了，就叫人拉她上船。她的母親和教練在另一條船上，他們都告訴她海岸很近了，叫她不要放棄。然而，查德威克朝前方望去，除了海霧什麼也看不到。

在查德威克出發算起 15 個鐘頭〇 55 分鐘之後，護送的人把她拉上了船。又過了幾個鐘頭，她漸漸覺得暖和多了，然而失敗的打擊卻讓她毫無快樂可言。她不假思索地對記者說：「說實在的，我不是為自己找藉口。如果當時我看見陸地，也許我能堅持下來。」

多麼遺憾！從人們拉查德威克上船的地方算起，離加州海岸只有半英里！後來她說：「真正令我半途而廢的不是疲勞，也不是寒冷，而是因為我在濃霧中看不到目標。」兩個月後，她成功地游過了卡塔林納海峽，她不僅是第一位游過這個海峽的女性，而且比男子的紀錄還快了大約兩個鐘頭。

查德威克雖然是個游泳好手，但也需要看見目標，才能鼓足幹勁完成她有能力完成的任務。因此，當你規劃自己的職業生涯時，千萬別低估了制定可測職業目標的重要性。因為，目標使我們產生積極性。

判斷自己心目中的成功是哪種型別，是不斷進取、攀上高峰，還是安穩生活，自由自在。確定自己想要什麼，才會沿著這個方向努力。

看看法國博物學家尚‐亨利‧法布爾（Jean-Henri Casimir Fabre）所做的一項研究的結果。他研究的是巡遊毛蟲。這些毛蟲在樹上排成長長的隊伍前進，有一條帶頭，其餘跟著向前爬。法布林把一組毛蟲放在一個大花盆的邊上，使牠們首尾相接，排成一個圓形。這些毛蟲開始動了，像一個長長的遊行隊伍，沒有頭，也沒有尾。法布林在毛蟲隊伍旁邊擺了一些食物。這些毛蟲要想吃到食物就必須解散隊伍，不再一條接一條地前進。

法布林預料，毛蟲很快就會厭倦這種毫無用處的爬行，而轉向食物。可是毛蟲沒有這樣做，出於純粹的本能，毛蟲圍繞著花盆的邊一直以同樣的速度爬行了 7 天 7 夜，它們一直爬到餓死為止。

目標有助於我們避免這種情況的發生。如果你制定了目標，又定期檢查工作進度，自然會把重點從工作本身轉移到工作成果上。單單用工作來填滿每一天，再也不能被接受了。做出足夠的成果來實現目標，這才是衡量成績大小的正確方法。

大多數人都幻想他們的生命是永恆不朽的。他們浪費金錢、時間以及心力，從事所謂的「消除緊張情緒」的活動，而不是去從事「達成目標」的活動。大多數人每週辛勤工作，賺夠了錢，在週末把它們全部花掉。

大多數人希望命運之風把他們吹進某個富裕又神祕的港口。

他們盼望在遙遠未來的「某一天」退休，在「某地」一個美麗的小島上過著無憂無慮的生活。倘若問他們將如何達到這個目標。他們回答說，一定會有「某種」方法的。

如此多的人無法達成他們的理想，因為他們從來沒有真正定下人生的目標。

記住戴爾‧卡內基的這句話：「有了目標才會成功」。目標是對於所期望成就的事業的真正決心。

沒有目標，不可能發生任何事情，也不可能採取任何步驟。如果一個人沒有目標，就只能在人生的旅途上徘徊，永遠到不了任何地方。

德雷科‧鮑克認為，無論是自己創業，還是求職當雇員，只要你想取得成功，就要樹立正確適當的目標；無頭的蒼蠅只能撞在牆上，無目標的人生只能收穫失敗。

職業選擇與價值觀

任何人在選擇職業時都會受到一定動機的支配，而擇業的動機一般都是由價值觀決定的；在選擇職業的過程中，人們總是盼望所選擇的職業能夠滿足自己的某種物質和精神需要。職業價值觀是指一個人對各種職業價值的基本認識和基本態度，

它是從最早的人類社會分工中產生的。在剝削社會中，嚴格的等級制度在不同職業中鮮明地展現出來，職業的不同在一定程度上決定了人們的政治和經濟地位的明顯差別。所以人們對某種社會地位的仰慕也就是對這一社會地位所佔有的職業的仰慕。由此產生了人們對社會不同職業的評價，也相應地形成了個人對待職業的態度，產生了職業價值觀。

社會上的各種職業都有一定的價值，不同的職業展現著不同的價值內容。由於各種職業的工作條件、工作方式、工作強度、工作性質以及工作的社會和經濟效果者不相同，社會輿論也會時這些價值內容做出評價。所以，人們在思想上會對不問的職業做出不同的評價和表現不同的態度。

不同的時代，對職業的社會評價也會有所不同。比如在戰爭時期，軍人的地位很高，青年中自然就會出現從軍熱，並以從事軍人職業為自豪。而在經濟備受重視的年代，成為一個企業家、創業者、自由職業者也會變成人們的願望。另外，人們職業價值觀的形成除了受到社會和時代的制約外，還要受地域、家庭的影響。

在中下層、老少邊窮地區和農村的畢業生中，出人頭地的想法占支配地位，而出身於上層或富裕家庭的畢業生，享樂型的價值觀占主要地位。

當前，大學生中流行以下幾種職業價值觀：

樂於從政的「紅道」觀

即透過選擇某種擁有權力的職業，達到對權力的支配，以滿足自己其他方面的欲望的一種求職觀。升官發財、光宗耀祖這種官本位的思想，即便是在現代社會也依然影響著我們的大學生，因此從政仍是許多大學畢業生的選擇。但是，從政意味著要在狹窄的仕途上面臨激烈的競爭，並且這種機會是不均等的。

樂於經商的「黃道」觀

這是人們在擇業中對經商的一種價值取向。社會上流行：「龍下海，虎上山，孺子牛，進機關」的說法，反映了人們在擇業中願意進公司、從商，選取能帶來較多經濟利益的工作。這種工作便於施展個人才能，實現理想和抱負，並能帶來高的經濟收入，也可以訓練自己的應變能力和其他各種有助於適應社會的能力。但是，商海競爭激烈，風險重重，只要一步棋下錯就有可能全盤皆輸。這種工作會讓人帶來很大的緊張與壓力，繁忙之中還有可能產生心理失落感，因為金錢並不能買到一切，這一點我們大家都知道。

樂於做學問、搞科學研究的「黑道」觀

這是人們在擇業中對待知識和智慧的一種態度，也是社會對科學研究工作者的評價。成為一名專家、學者、教授等受人

尊敬但生活清貧的腦力勞動者，也是一些大學生的志向所在。現在越來越多的人已經看到將會日益重視知識和科技的力量，知識分子的地位也會越來越高。在科技領域裡實現自己的價值將成為更多大學生的選擇。

商品經濟的飛速發展，使得當代大學生的職業價值觀發生了根本的變化，許多大學生在擇業時，被「紅道」、「黃道」的引誘所迷惑。在選擇職業時，究竟應該如何衡量各種利益，如何判斷，樹立正確而高尚的職業價值觀是極為重要的。

我們在選擇職業時不能只看重職業本身的價值，還應看到職業對社會的創造和貢獻。人不能離開社會而獨立存在，個人只有在工作中為社會做貢獻才能實現自己的職業價值，事業首先是具有社會性的。人們在選擇職業時，必須看到自己對社會的責任，並主動承擔這種責任。這樣的職業價值觀才是高尚的，在這種高尚的價值觀的驅動下，就能克服困難，就容易取得巨大的成功，才能為社會做出傑出的貢獻，才能為世人所尊敬。

當然，我們並不是說要忽略擇業中的個人因素，只去盡社會責任，這樣不但不利於個人，也是社會的損失。比如，讓一位富於科學創造力、不善言辭的學者去從事普通的教師工作，可能使國家損失一項重大的發明，而社會不過多了一個也許並不出色的老師。因此，我們反對的是只為個人考慮的職業價值

觀，即處處以自我為中心，只顧及自我感受、自我發展、自我實現，毫不考慮國家和社會的需要。事實上，這樣做個人也不會得到很好的發展。

在擇業時，我們要首先考慮社會需要，必須負起對社會的責任，以此為前提，綜合個人的因素，進行選擇。

行動果斷，處事俐落

紐約一家商業企業在進門處立有這樣一塊警示牌 —— 長話短說！事情很多，時間有限，請配合。

這條警句說明了兩個問題：一是說明在現代快節奏的生活中，快捷高效地辦事風格占據了主流位置；二是說明商業領域存在著一種非常嚴重的不負責任的現象。這種現象就是：一些人只關心自己的事，說起話來囉囉嗦嗦，長篇大論，毫不顧及浪費他人的寶貴時間。公文冗長、喋喋不休的說話辦事方式已不能適應當今飛速發展的社會，現代需要的是簡明扼要，直奔主題。這則警示就是用一種禮貌的方式，告誡那些說話辦事拖泥帶水的人，要俐落行事。這些人如果你當面告訴他，他肯定又要長篇大論地與你爭執不休。

你若與一個廢話連篇、不著邊際的人談業務，肯定會感到疲憊不堪，甚至會感到頭痛和憤怒。他其實心裡明白自己與你

談話的目的，但是偏不願意從自己口中直接說出來，只是旁敲側擊，讓你去猜側他的意圖，大有只可意會不可言傳之勢。與這種人談話，你永遠別想從它口中得到一句肯定明確的話，他永遠會在問題的周圍繞來繞去，避開主題。他們東一句，西一句，想法不連貫，讓人無法看清他的意圖，孩子們玩遊戲為了避免出局，盡量不碰設定的東西是可以理解的，但倘若誰說話模模糊糊，含渾不清，則實難讓人接受。

在企業內部，進行工作總結或經驗交流時，若是大家都瞻前顧後，閃爍其詞，一副漠不關心的樣子，那會談定會失敗，這種集體意識差、低能低效的工作之風，就是送上門來的機會，也抓不住。現代企業需要的是雷厲風行的作風，閃電般的效率，或取或棄，快刀斬亂麻，不能拖泥帶水。自己看不上的東西，自會有別人看得上，藕斷絲連只會耽誤自己的時間，浪費別人的機會。每一次商業談判之前都應事先認真準備，對可能出現的問題加以分析，這樣到時才能乾淨俐落，直奔主題，高效解決分歧，取得共識，推動談判成功。然而，有些人卻不是這樣，總喜歡繞彎子，兜圈子，拖沓成性。法官和律師最頭痛遇到這樣的證人，因為你根本無法從他那裡得到有用的訊息。雖然律師運用各種技巧，希望這個證人有一個肯定直接的回答，但是他繞來繞去，就是不說重點或一遇到關鍵問題就輕描淡寫一語帶過。

　　卡內基曾經與這種人打過交道，從見面開始，那人就一直滔滔不絕，但卻沒有主題，即使卡內基多次看手錶，他仍說得沒完沒了，好像根本看不懂卡內基給他的暗示。後來，只要接到他的電話，卡內基都會抓緊時間躺下來休息一會，因為卡內基知道，一場持久戰即將開始了。他是從來不會顧及你的時間或有沒有重要事情，只管自己說得盡興、過癮，這樣的人討厭之極。或許有的職業需要這種不著邊際的談話風格，但是有理想有抱負的年輕人千萬不要養成這種習慣，它會毀掉你的前程，為成功設定路障。看看那些高層管理人員或被譽為有發展的人，哪一個不是說話簡練，辦事乾淨俐落。

　　卡內基的另外一位商界朋友就很符合現代氣息。他事業有成，口碑極好。每次與卡內基通話時從不說廢話，三言兩語，直奔主題，常常是卡內基還沒反應過來，他已經說「再見」了。和這樣人的人交往一點也不感覺累。他不會占用你過多時間和精力，更不會打擾你。卡內基很敬佩他思維敏捷、行事果斷，以及高效能地工作作風。如果一個人很早就意識到自己在這方面的不足並努力加以改進，做事專一，說話言簡意賅，就完全可能成為一個出色的經營管理人才。

　　從一個人的言談中，肯定能夠看出他行事的特徵，或果斷或拖沓。從他們寫的凌亂不堪的信中也可以了解他們是什麼樣的人。我曾與一些人以通訊的方式合作過一段時間，在信件往

來中，總適時提醒他們回答一定要直截了當。但是每每不見成效，其實他們也並非有意而為，只因為已形成了習慣。卡內基也不好再多說什麼，免得他們心裡不舒服。

商業信件最重要的特點就是簡潔、明確，盡量用最少的字表達最全面的意思。成功商界人士的信都是文字簡練、內容系統、主題明確，別人需要兩頁紙的篇幅，在他這裡只要半頁紙就可以表述清晰明瞭了。一個從未見過面的人，從他那風格獨特的信件中，就可以明白他的全部意圖，從而認識這個人。要想寫好這類信，不防把它看成是在發電報，按字收費，多寫一個字就要多花多少錢，這樣你就會斟字酌句，盡量用最少的字表達出全部的內容。在寫完一封信或一篇文章之後，多讀幾遍，盡量濃縮冗長的詞句，做到字字珠璣，句句精煉，透過這種訓練，可以改掉多話的壞習慣，形成有話則長、無話則短的好習慣。同時，這樣的練習還可以提升我們的思維能力，如果三言兩語就能準確表達出多層含義，就是駕馭語言的高手，也會贏得他人讚許的目光。

很多年輕人應徵成功與否都取決於求職信寫得好壞。一封好的求職信往往字跡整潔、話語嚴謹，讓應徵人員一目了然，成功的機率自然加大。相反，寫得亂七八糟、勾勾抹抹的求職信，讓人一看就煩，不願再看第二眼，結果必然導致應徵失敗。有人曾親眼看見一個人事經理在一大堆應徵材料中翻揀，

只挑寫得乾淨、簡潔、清晰的信看。

經驗豐富的老闆會從求職信中了解到關於應徵者的很多情況，雖未謀面，但是一封信寫得拖沓冗長、自吹自擂，怎能不讓人擔心他的能力，而一個有實力的年輕人，肯定會謹慎、言簡意賅地寫好求職信的。

看到這，你也許會問怎樣才能在商業領域取得成功，如何測定自己是否具備這個能力。我們要說的是，但凡成功人士都具備這樣的特點：說話直截了當，善於抓住問題的實質，而不是轉彎抹角拖泥帶水。仔細審視一下自己，是否具有這些特點，如果沒有，那你拿什麼去成功呢？似乎大多的人總是使自己陷入尷尬境地，辛苦勞作，任勞任怨，到頭來卻一無所獲。而爽直的人善於抓住重點，能一針見血地指出問題所在。也正是這一特質，為他們事業成功打下了牢固的基礎。

自信奮鬥，勇敢前行

職業生涯規劃，是自己的人生藍圖，若想將藍圖變成現實，首先需要樹立自信心，有了自信，才能面對現實，才能克服困難，才能產生無形的力量，推進職業生涯規劃的發展，實現人生的美好願望。

讓我們來看一個例子。

有一個人，他把全部財產投資在一種小型製造業上。由於戰爭的爆發，他無法取得工廠所需的原料，因此只好宣布破產。金錢的喪失，使他大為沮喪。於是，他離開了妻子兒女，成為一名流浪漢。他對這些損失無法忘懷，而且越想越難過，甚至想要跳湖自殺。

一個偶然的機會，他看到了一本名為《自信心》的小書。這本書為他帶來勇氣和希望，他決定找到這本書的作者，請作者幫助他再度站起來。當他找到作者，說完他的遭遇後，那位作者對他說：「我已經用心地聽完了你所說的遭遇。我希望對你有所幫助，但事實上，我卻不能幫助你。」他的臉立刻變得蒼白，低下頭，喃喃地說道：「這下子完蛋了。」作者停了幾秒鐘，然後說道：「雖然我沒有辦法幫助你，但我可以介紹你去見一個人，他可以協助你東山再起。」他剛說完這幾句話，流浪漢立刻跳了起來，抓住作者的手，說道：「看在老天爺的份上，請帶我去見這個人。」

於是作者把他帶到一面高大的鏡子面前，用手指著鏡子說：「我介紹的就是這個人。在這個世界上，只有這個人能夠使你東山再起。除非坐下來，徹底認識這個人，否則，你只能跳湖自殺了。因為在你充分的認識這個人之前，對於你自己或這個世界來說，你都將是一個沒有價值的廢物。」他朝著鏡子向前走了幾步，用手摸摸他長滿鬍鬚的臉孔，對鏡子裡面的人，從頭到

腳打量了幾分鐘，然後後退幾步，低下頭，開始哭泣起來。

幾天後，作者在街上碰見了這個人，幾乎認不出來了。他的步伐輕快有力，頭抬得高高的。他從頭到腳打扮一新，看來是很成功的樣子。「那一天我離開你的辦公室時，還只是一個流浪漢。我對著鏡子找到了自信。現在我找到了一份年薪豐厚的工作。我的老闆先預支一部分錢給家人。我現在又走上成功之路了。我一定會好好報答您。」那人說完後，轉身步入擁擠的人群之中。這時作者發現：在那些從來不曾發現「信心」價值的人的意識中，原來也隱藏著巨大的潛能。

由此可見，自信心是一個人事業成功的重要因素之一，是一個人事業發展的動力泉源。只要一個人具有堅強的自信心，無論是年長者，還是年輕人；無論是身體健康者，還是身體缺陷者；無論是事業有成者，還是學歷較低者；無論是智商較高者，還是智力低下者，都可以成就一番非凡的事業。

同樣，在一個企業中，只要我們留心觀察一下，就會發現這樣一個情況，有同樣的學歷、同樣的工作經驗的人，在處理事務的能力方面卻有明顯的差異性。這種差異產生的一個重要的因素就是人的自信心！

首先，自信使一個人以強者的身分來面對問題，精力充沛，相信自己，給自己嘗試的機會。人本身就是一個矛盾統一體，有堅強勇敢的一面，也有軟弱怯懦的一面，而軟弱怯懦的

一面往往在遇到挫折的時候會表現得更為強烈。如果這時候自信戰勝了軟弱，那麼，人就會以一種積極的態度來對待困難，自我否定的負面情緒就會減少。我們發現，人在遇到重大危機、沒有退路的時候，就會做出驚人的舉動，發揮出平常所不能表現的能力。比如上司給你下了指示，要求你攻克下一個在你看來根本不太可能拿下的項目，而且告訴你如果不能拿下來，就要撤職的時候，你往往會不計一切地為了達到這個目標而做許多工作，發揮超常的水準。但最後攻下項目的時候，你再回頭想想其實也沒有什麼大不了的。換一個角度來思考，如果當初沒有面臨被炒魷魚的危機，你會攻下這個項目嗎？但是，如果你有足夠的自信可以攻下這個項目的話，那麼你也會使出渾身解數也就是盡量發揮你的潛能來完成目標。外在的壓力或者危機總不可能是時時存在的，所以我們不能總是等那時候才來開發自己的潛能。如果你樹立了自信，你就會在日常的工作或者生活中盡量發揮自己的潛能，使自己的能力得到進一步的提升。

其次，自信能使自己得到別人的認可。現代的社會給了我們一個表現自己的舞臺，有些人可以如魚得水，有些人卻舉步維艱。我們常說，現在社會中人的整體知識含量基本上持平，差異往往表現在能力方面，怎樣展示自己的能力、發掘自己的能力顯得尤為重要。而這種展示、發掘能力的重要因素就是是否有自信心。在企業應徵中常常發生這樣的事情：兩個人一起

去應徵一個職務，其實就實力而言，應該是伯仲之間的，但為什麼一個人可以被錄取，另一個卻被淘汰呢？就是因為那個被錄取的人有足夠的自信，清楚地了解自己的長處，並且能把這種自我認可的訊息傳遞給別人，使別人也對他產生認可。而另外一個應徵者就相對顯得信心不足了。試想，一個對自己都不能完全肯定的人，怎麼能讓別人肯定，又怎麼能在工作中完全發揮自己的能力呢？

自信，是來自心靈深處的自我認可。踏實、謙虛是自信的表現。自信是一種獨特的人格魅力，而擁有這種魅力的人，清楚自己的長處，也明白自己的弱點，在待人處事上會特別的嚴謹、踏實，知道如何藏拙，如何吸收他人的長處，改變自己的弱點。自信在職業生涯中發揮著重要的作用。

執行時沒有任何藉口

在羅文把信送給加西亞的過程中，自然有許多意想不到的偶然因素與個人的努力相關聯，但是，在這位年輕中尉迫切希望完成任務的心中，卻有著絕對的勇氣和不屈不撓的精神。這一點當然毫無疑問。但人們更應該意識到，取得成功最重要的因素並不是因為他傑出的軍事才能，而是在於他優良的道德品格，「送信」不僅僅只是一個單純的概念，而是變成了一種具

有象徵意義的東西，變成了一種忠於職守、一種承諾、一種敬業、服從和榮譽的象徵。

因此，學習羅文的執行力顯得非常重要。

所謂執行力，就是在統一的價值觀指導下，上下一致、全力以赴地做事。而執行力強大的公司無一例外都取得了成功。

二戰後，日本的松下幸之助、盛田昭夫、本田宗一郎等請美國的管理學權威戴明博士（William Edwards Deming）到日本去演講，他們請教戴明博士如何使他們的企業強大。戴明博士給了他們一句話：每天進步1%。這些日本總裁們真的乖乖地按戴明博士的話去做了，現在我們知道松下、Sony 和 HONDA 是多麼的成功。

後來，福特（Henry Ford）找到戴明博士問他：你教給了日本人什麼？怎麼他們的汽車把我們打得一塌糊塗？戴明博士依然一句話：每天進步1%。福特最終也成了一方霸主。

德雷科‧鮑克認為，身為職場中人，做事之前，不要講條件；事未做成，不要解釋原因。也許有人會問：缺少條件，如何做得成事情？這裡有一個深層的理念被大多數人忽略了。一個成功的企業不是因為一大堆做成的事而構成一個結果，而是因為有一群人向同一個方向不停地努力而形成的一種狀態！

員工身為決策層的執行者，當企業沒有給你提供你做事所需要的條件時，十有八九因為企業不具備這些條件，而希望請

你來另闢蹊徑，找到通向成功的另一條路。

每一個員工所面臨的困難，也正是企業所面臨的困難。你不去解決，企業也要另派人去解決。從這個意義上講，每一個職員都有責任和義務去克服自己眼前的困難，千萬不要找理由，因為每一個人都會很輕易地為任何一件事找出種種無懈可擊的理由。

找理由是一件多麼容易的事，但是「市場不相信眼淚」，重要的是主動點，先做起來！

我們絕大多數人都必須在社會組織中奠基事業生涯，只要你還是公司的一員，就當拋開任何藉口，投入自己的忠誠和責任，一榮俱榮，一損俱損！當你把身心徹底融入公司，盡職盡責，處處為公司著想，對投資人承擔風險的勇氣報以欽佩，理解企業主的壓力，那麼任何一個老闆都會視你為公司的支柱。

忠誠帶來信任，你將被委以重任，獲得夢寐以求的廣闊舞臺。無數的公司、企業、系統都在尋找能夠把信送給「加西亞」的人，以塑造自己團隊的靈魂。「送信」早已成為一種象徵，成為人們忠於職守、履行承諾、敬業、忠誠、主動和榮譽的象徵。

我們每一個人似乎也在期望自己能夠成為一個把信送給「加西亞」的人，對於自己的工作，進行反省和自我反省，找出不足，彌補缺點，並尋找一個更有效的途徑，去完善它，爭取將它做得更完美。

我們並不是羅文，也不可能再去「送信」，但我們可以用「羅文精神」來激勵我們做每一件。完成每一件工作時，都要以主角的態度去做，發揮自己的主觀能動性，爭取做得更好、更完美。

　　羅文的執行力是什麼？哈伯德（Elbert Hubbard）告訴我們：執行力是不用別人告訴你，你就能出色地完成工作。

　　想一想，我們自己是屬於哪一種人呢？當你的上司委派給你一項任務時，你是否會反問數個「為什麼」？譬如：為什麼要我去做？這是我的工作嗎？該怎麼做？急不急？而且就算得到了答案，也不能很好地完成任務。

　　每一位職場中人，都應有徹底執行的精神，哪怕現在不是，只要我們努力去朝著這個目標前進，定會為自己未來的工作事業帶來莫大的收穫。

　　哈佛商學院的傑森·魯伯博士認為，大力提倡主動進取的工作精神，並形成一種制度，工作中採取你追我趕、力爭上游的工作好風尚。這對企業，對個人在職場上的成功發展都是很關鍵的。

困難並不意味著不幸

愛德華・道希是一家租車店的老闆，專門出租高級客車。道希先生的品格十分令人欣賞，他很善於聽人講話，心胸開闊，又喜歡接受新事物，具備多項才能。他與卡內基毗鄰而居，有一天，他們在探討一個話題時，道希先生認為那些偉人和成功者通常也都是能夠克服困難的人。卡內基表示同意。接著，道希先生問卡內基先生：「你聽說過一位名叫納達尼・鮑德齊的人嗎？」

卡內基反問道：「是不是一位對航海術相當精通的人。」

愛德華點頭說：「納達尼・鮑德齊生於 1773 年，於 1838 年去世。他在 10 歲之前，大部分是以自修的方式工學習，如拉丁文等。因此他能閱讀牛頓的《自然哲學之數學原理》(*Philosophiæ Naturalis Principia Mathematica*)。到 21 歲時，他已經算是一個相當優秀的數學家了。由於他喜歡航海，又開始學習航海術。據說，在一次航海時，他教導全體船員（包括船上的廚師）如何用觀察月亮與星座的關係來計算船舶的位置。後來，他寫了一本關於航海術的書，成為經典之作。這對一個沒有受過正規教育的人來說，是非常不容易的。」

愛德華說的對，鮑德齊的確是個不畏艱險、克服重重困難的人。也許沒有人告訴過他：「要想當一名科學家，大學教育是

不可或缺訓練。」因此，他能不顧一切向前衝，並且用自學的方式得到各種必要的知識。對納達尼‧鮑德齊或愛德華。道希這類人，世界上沒有「困難」二字。

對不思進取的人來說，困難是最好的擋箭牌。許多人把自己沒有獲得成功歸咎於沒有受過大學教育 —— 對這些人來說，假如他們真的上了大學，他們仍能為自己找出許多理由。而一個真正成熟的人則不會為困難尋找藉口，他們會想辦法去克服困難，而不是找藉口去規避困難。

有一次，亞歷山大‧貝爾（Alexander Graham Bell）在工作不順利時，向他的朋友約瑟‧亨利（Joseph Henry）抱怨說，都怪自己缺乏關於電機方面的知識，致使現在工作起來十分困難。約瑟‧亨利是華盛頓區一家工學院的校長。他雖然同意貝爾的說法，卻沒有向貝爾說：「真不幸，亞歷山大，你沒有機會學習電機課程真是太不幸了！」他也沒有告訴貝爾該如何去申請獎學金，或如何向父母請求幫助。他只是簡短地告訴他：「現在去學並不晚。」

亞歷山大‧貝爾果然就去攻讀關於電機的課程，最後終於成為歷史上對機電學做出重大貢獻的科學家。

那麼，貧困是失敗的理由嗎？美國總統赫伯特‧胡佛（Herbert Clark Hoover）是愛荷華一鐵匠的兒子，後來又成了孤兒；IBM 的董事長托馬斯‧沃森（Thomas Watson Jr.），年輕時曾擔

任過簿記員，每星期只賺兩美元。這些著名的成功人士，都沒有認為貧窮是他們的障礙。相反，貧窮成為他們成功的動力，他們把別人用在自憐上的時間全都用在了工作上。

羅伯特‧路易斯‧史蒂文森（Robert Lewis Balfour Stevenson）一生多病，卻不願讓疾病影響自己的生活和工作。與他交往的人，都認為他十分開朗、有活力；他所寫的每一行文字也充分流露出這種精神。正是由於他不願向身體的缺陷屈服，因此他的文學作品顯示出更多彩、更頑強的生命力。

歷史上，許多舉世聞名的人物都有身體上的缺點。

如：拜倫勳爵（Lord Byron）長有畸形足，尤利烏斯‧凱撒（Gaius Julius Caesar）患有癲癇症，貝多芬（Ludwig van Beethoven）後來因病成了聾子，拿破崙則是有名的矮子，莫札特（Wolfgang Amadeus Mozart）患有肝病，富蘭克林‧羅斯福（Franklin Delano Roosevelt）則是小兒麻痺症患者，而海倫‧凱勒（Helen Adams Keller）更是盲聾啞俱全。

就是那些在銀幕上光彩照人的女演員，也有很多坎坷遭遇。被譽為「女神莎拉」的莎拉是個私生女。她長得並不出眾，因此童年時代飽受折磨，生活似乎完全沒有指望。但她克服重重的困難，後來終於成為舞臺上不朽的人物。

卡拉的兒子，長得十分高大英俊，卻患有口吃的毛病。這男孩在學校裡的成績一向很好，也很為同學所歡迎。為了治好

他的病，從小學開始，他的父母就為他找過許多心理專家和口吃治療專家來幫忙，卻沒有什麼效果。

一天，男孩回家告訴父母，他將代表全體畢業學生在畢業典禮上致辭，男孩在家裡興致勃勃地立刻開始準備講稿。男孩的父母親也提供不少意見幫助他準備講稿，他們都沒有提到該如何在演講時避免口吃這個老毛病。

畢業典禮終於來臨了。當天晚上，男孩起立開始發表演講，他站得挺直、端正。會場觀眾都鴉雀無聲地注視著他，因為許多人都知道男孩患有口吃的毛病。男孩一開始講得很慢，但很有信心，接著便很順利地把 15 分鐘的演講說完，沒有絲毫凌亂或遲疑的地方。等他講完之後全場報以熱烈的掌聲，因為大家都知道，這個男孩是竭盡全力克服了自己的缺陷和困難，理應獲得他們的嘉獎。

住在紐澤西的卡爾頓‧葛立夫是個生意人。一日，他開車經過莫里鎮的一個十字路口，正好見到一名眼盲的少婦，牽著一條狗要穿過街道，卡爾頓急忙踩住剎車停了下來。

這時，一名男士走到卡爾頓的車旁，說明他是那名少婦的訓練師。他要求卡爾頓以後遇見這種情況，不用緊急剎車，他說：「訓練這狗用來防止發生交通事故，因此，假如每部車子都像剛才一樣停下來，狗會以為這是應有的狀況，而不會特別警覺。這麼一來，一旦有車子不這麼停下來，便會發生交通事故。」

　　雖然這位訓練師有點不近人情，但細細品味卻言之有理。更讓人佩服的是，那名少婦能採用這樣的訓練來克服自己的缺陷，繼續自己正常的生活。

　　這些人都是具有成熟心靈的人。他們不會陷於自己的困難當中，而是勇敢地去面對它、接受它，然後想辦法加以克服、解決。他們不會去乞憐，不會絕望，也不會去找藉口逃避。

　　《一個完整的生命 —— 在死神的門口》作者是洛埃·史密斯，寫的是關於艾莫·赫姆的故事，這是一本極富鼓舞性的傳記。艾莫·赫姆出生在俄亥俄州的亨特維，當時他的醫師在嬰兒期就判處了他的死刑，認為活下去的希望渺茫。

　　但是赫姆還是活下來了。雖然 90 年來，他因右半身嚴重受傷而常痛楚不已，但他始終沒有向死神屈服。由於他不能從事體力勞動，便轉而努力閱讀。1891 年，也就是他 28 歲的時候，他成了衛理公會的傳教士。

　　赫姆的一生，後來又歷經兩次致命的事故，他都沒有因此而失去信心。後來，他的病引起有名的巧克力製造商約翰·惠勒（John Wheeler）的注意，約翰在經濟上給予他無償的援助。幾個月之後，這位倒在死神門口的傳教士，順利地恢復了健康。

　　艾莫·赫姆病好後開始募集傳教基金，興建教堂，並以自己的力量幫助當地的學校和醫院。這名「單肺傳教士」募集了將近三百多萬美元，以從事他認為有意義的慈善活動。到了 69 歲

的時候，他「告老退休」，但還是沒有間斷工作。他又舉辦了上千次的講道，寫了兩本書，為教會和其他慈善機構募集了 50 萬美元，並且擔任 20 餘所專業學校的董事；除此之外，他還捐助 5 萬美元以興建在加利福尼亞州立大學附近一所教會。

艾莫‧赫姆身上到處都是缺陷，但他卻無視缺陷的存在，他只知道自己有生命，而且這生命要活得有意義。他已把自己有生的九十多歲充分使用，並使自己的名字成為「勇氣」的代名詞。

在這個高速發展的原子時代，處處強調年輕與活力，致使許多上了年紀的人，不免要感嘆自己的「缺陷」。有時，他們會感到自己過時了，就要被放進廢物堆裡了。幾年前，紐約卡內基訓練班裡有個身材瘦小、年紀已 74 歲的女學員，她坦然承認不知該如何度過自己的餘生。

這位老太太退休前是位教員，一直到強制退休才離開自己的工作職位。她的儲蓄不多，因此必須時時保持忙碌，這對經濟和精神上都十分重要。由於她有很多教學經驗，無事時便到各個幼稚園去講故事。她的故事都經過特別挑選，她還製作了很多幻燈片來加強效果。

這位學員的工作很有意義，而且她開始把這當作她的晚年事業來做。她知道，年紀並不是一種障礙或缺陷。由於多年的教學經驗，她現在更有能力把故事講得更好，更動人。

　　她找到「福特基金會」，這個組織一直為推動文化工作，把計畫寫下來，內容包括為幼稚園學童所設計的各種故事節目。她不僅用口講，並且拿東西讓大家看，因此很容易被接受。她充滿溫馨和富有戲劇性的講述方式，受到了孩子們的熱烈歡迎。

　　現在，這位老太太已把自己熱忱和信心帶到美國各地，並把智慧和歡樂帶給成千上萬個孩童。她不願讓自己的年紀成為障礙或偷懶的藉口，她沒有藉口年紀大而不出去工作，相反的，她重新評估自己的能力和經驗，然後把構想付諸行動，因此做得非常成功。對這麼一位 74 歲的人來說，成長並沒有使她變老，而是變得更成熟。年紀對她不但不是缺陷，反而成為一種動力。

　　蕭伯納（George Bernard Shaw）對那些愛抱怨環境不順的人不勝其煩。他說：「人們常常抱怨自己的環境不順利，因此使他們沒有什麼成就。我是不相信這種說法的。假如你得不到所要的環境，可以製造出一個來啊！」事實上，假如每個人每天都認為自己的環境不好，很可能就會把自己的過失推給「缺陷」或種種其他原因。在卡內基年輕的時候，常因自己長得比別人高而氣餒不已。多年之後，他才逐漸明白，身高跟其他許多與生俱來的條件一樣，不僅有壞處，還有很多好處，完全看自己的態度而定。

　　把自己與眾不同的地方看成是缺陷和障礙的人，是一種心

理不成熟的表現，他總是期望自己能受到特別的待遇。成熟的人則不然，他先認清自己的不同之處，然後心平氣和地承認它，並以此為動力，創造自己的輝煌。

挑戰困難，迎接挫折

丹尼爾·笛福（Daniel Defoe）在創作名著《魯賓遜漂流記》（*Robinson Crusoe*）之前，曾經做過小商販、商人、祕書、士兵、工廠經理、特使、會計，還曾編輯過幾本圖書。

威爾遜（Edward Osborne Wilson）是著名的鳥類學家，他在真正找到自己的職位以前，曾經在 5 個不同的職業上失敗過。

斯圖爾特最初為各部部長做研究，後來，他當了一名教師。由於一個偶然的機會，他最終找到了商人這個真正適合於他的職業。事情的起因是他曾經借給朋友一筆錢，而他朋友的生意又面臨著破產的危險，於是他的朋友堅持用他的商店抵債，而斯圖爾特當時也別無選擇。

厄斯金（Thomas Erskine）是蘇格蘭的著名律師，他曾當過 4 年的海軍，後來，為了謀求更快的提升機會，他參加了陸軍。服役 2 年後的一天，他所在的部隊在一個村鎮裡停留。出於好奇，他走進了當地的一家法院。這個法院的法官是他的一個老朋友，他邀請厄斯金坐在旁邊，並告訴他坐在辯護席上的是一

位著名的英國律師。厄斯金認真地傾聽了法庭辯論，並相信自己會做得更優秀。隨後，他立即開始研究法律，最終成為了英國最出色的辯護律師。

喬納森（Jonathan Chace）對他的父親說，他再也無法忍受學校生活了。

於是，父親便說：「喬納森，星期一早上你去機械廠上班吧。」而在多年以後，他逃離了那家工廠，並開始追求真正適合自己的職業。後來，他做了羅德島國會參議員，並頗具影響力。

明確奮鬥目標

在過去的日子裡，女孩的唯一出路依然是婚姻，而單身女性則不得不面對朋友們的責難。當時，德國的劇作家萊辛（Gotthold Ephraim Lessing）還曾經評論說：「女人像男人一樣思考，如同男人穿上女人的紅大衣一樣荒唐可笑。」但是僅僅幾年的時間，生活態度積極的女人們就大膽地捧起了書本，但她們會在書本上擺一些針線，以便在客人到來時能夠迅速地放下手中的書本，拿起針線。格里高利博士對他的女兒說：「如果你碰巧有見識的話，一定要三緘其口，千萬不要讓男人們知道，因為他們天然的敵意和嫉妒會使他們排斥那些具有獨到見解、智慧高超的女人。」

　　然而，這一切卻在不經意間有了很大的改觀。美國女教育家法蘭西絲‧威拉德（Frances Willard）曾經說過：「對女性智慧的發現是本世紀最大的發現。我們解放了她們，為我們的女兒們敞開了婚姻以外的廣闊天地。現在，女性也擁有了與男性平等的權利，她們也有權利選擇自己的職業。女性獲得了更大的自由是本世紀最偉大而光榮的進步，但是責任必須與自由相伴，因此，確定人生定位和人生目標也是每個女孩必須考慮的問題。」

　　「這個世界需要這樣的女孩，」霍爾博士說，「她們是弟弟姐姐除母親以外最親密的人；她們會讓哥哥自豪，因為她們不是那種只是能歌善舞、只會在交際場合大出風頭的女孩；她們是母親的最好的幫手，能夠把家裡亂作一團的事情整理得有條不紊；她們會令父親感到欣慰，這不僅僅因為她們長得容貌俊美。另外，這樣的女孩我們的社會也需要。她們不願戴著顯眼的尖頂帽子到劇院看戲，或者穿著幾寸高跟鞋搖搖擺擺地走路，儘管雙腳不適卻強裝笑顏；她們更不願像某些女孩那樣穿著高貴華麗的禮服，去追趕那愚蠢可笑的最新時尚；她們不僅有自己的獨立見解和標準，並且自重自尊，完全信守諾言。」

　　「我們希望女孩們坦蕩無私，美麗可人；天真坦率、純潔善良；謹慎而自制、善解人意；她們時刻想著那為了給她們買件漂亮衣服而省吃儉用的母親，理解自己的母親為了有所節餘而

一點一滴地計算吃穿費用；她們時刻想著照顧和安慰那為了養家餬口而辛苦操勞的父親；她們不是在家裡養尊處優、毫無用處的負擔，她們千方百計地節省開支而不是胡亂花費，並且熱切地希望為家人帶來快樂和舒適。」

「我們希望女孩們善良仁慈，富有同情心，聽到別人的不幸會流出同情的眼淚，心裡想起愉快的念頭就會在臉露出燦爛的笑容，讓別人一同分享自己的快樂。我們有很多才華橫溢的女孩、機智幽默的女孩、聰明睿智的女孩。現在我們更需要熱情純真的女孩、心地善良的女孩、開明快樂的女孩。只要這個世界上還存在著這樣的女孩，不管多麼罕見，生活都沒有虧待我們。她們的清新爽朗讓我們神清氣爽，充滿對生活的熱愛和感激之情。正如炎炎夏日午後的一場急雨一樣。」

女人活動的圈子，似乎是個有限的範圍，但是無論天上人間，女人無處不在。如果沒有女人，人類不會有任何幸福或哀愁，不會有或對或錯的竊竊私語，更不會有生命、死亡和人類的繁衍，因此人類也無法完成任何使命。

第三章　創造職業

友誼助你走向成功

人生在世，有幾個知己是最幸福的事了。無論你家貲萬貫，還是身無分文，他們對你的情意會忠貞不渝，當你身處困境時，他們會傾其所有，盡力幫助你度過難關。

在美國爆發南北戰爭之時，幾位總統候選人的條件是人們談論最多的話題。一次，有人對林肯（Abraham Lincoln）談了自己的看法，他說：「林肯唯一的財富就是擁有許多知己，其他一無所有。」的確，林肯十分貧困，在他當選為州議員時，他身著的上等服裝還是借錢買的，以便在公眾場合出入時顯得比較正式，而且他在就職時是徒步走去的。而林肯在當選為美國總統後，竟不得不向朋友借錢把家搬到華盛頓，這已成為一段趣談了。林肯雖然在物質上一貧如洗，但友誼上卻是個富翁。

朋友都有彼此共同的愛好，盡其所能地幫助對方在生活中取得成功，對事業上大力協助，並且為對方所取得的每點進步和成功都感到高興。朋友是無聲的同伴，朋友是另一個自己。可以想像得出，世界上沒有更崇高、更美麗的東西能夠比得上朋友的忠誠。

狄奧多·羅斯福（Theodore Roosevelt）假如沒有來自於他朋友們強而有力的、無私的和熱心的幫助，即使他的個人能力再傑出，也做不出如此大的成就。事實上，如果不是他的朋友

們，尤其是他在哈佛大學所交的知己們的傾力相助，他能否當
選為美國總統還真是一個未知數呢。不管是在候選紐約州長期
間，還是在競選美國總統期間，他的許多同學和大學校友們都
為他不辭辛苦地奔波。他在自己所組織的「曠野騎士團」中享有
很高的威望，他們都以朋友相待。最終在他競選總統中，他們
為他在西部和南部贏得了成千上萬張選票。

讓我們體會一下擁有真摯熱心的朋友的幸福吧！他們總是
記掛著我們的每一件事，時時刻刻都在為我們服務，他們會利
用一切機會鼓勵我們、支持我們，在我們不在的場合，他們會
毫不猶豫地代表和維護我們的利益。我們自身的缺陷和不足，
他們會幫助我們改正。他們會堅決制止和反駁有可能對我們造
成不利影響的流言蜚語或無恥謊言，而且還會努力改變他人對
我們的不良印象，給我們以公正的評價，並且想盡一切辦法消
除因為某些誤解，或者是因為我們在某些場合拙劣的表現而導
致的惡劣影響。一句話，在漫漫的人生之路上，推動我們前進
或者在緊要關頭助我們一臂之力的，就是我們那些忠誠的朋
友們。

如果沒有朋友替我們共同承擔那些殘酷無情的打擊和攻
擊，並耐心地撫慰我們受傷的心靈，我們中又有多少人將會落
到臭名昭著、傷痕累累的境地啊！如果不是因為有朋友，我們
中的許多人將會失去很多很多。同樣道理，如果沒有朋友們自

始至終地盡其所能為我們開闢道路和提供方便，如果沒有朋友們為我們帶來顧客、客戶和生意，我們中的許多人將會在經濟上陷入困境。

在我們失敗、氣餒、軟弱時，朋友總是不遺餘力地幫助和支持我們。對於我們的缺點、不足、短處和刻骨銘心的失敗來說，朋友意味著一種莫大的恩惠。

在現實生活中，沒有什麼比看到一個人想方設法在他朋友的缺點或傷疤之前善意地保持沉默，為他朋友抵禦來自於冷酷無情者或魯莽草率者惡意的攻擊，並站在最前面高聲地宣告他朋友的德行更令人感動的。我們不能不由衷地敬佩這樣的人，他們才是我們真正的朋友。

在現實社會中，沒有什麼比幫助一個真正的朋友更神聖的了，在這個世界上，能夠意識到我們的一舉一動都密切關係到一個朋友的榮譽的人很少，實際上，我們所做的報告，我們對他人的言論，很可能影響他的成功或失敗。如果我們縱容某一醜聞毫不顧忌地傳播，它極可能將某人一生的名譽毀於一旦。

在我記憶的書本中，書寫著一件最令我感動的事，那就是一個真正的朋友一如既往地去幫助一個已經喪失了自尊和自律，甚至墮落為不知人性的人。這才是真正偉大的友誼。實際上，友誼始終忠誠地站在我們身邊，即使我們自甘墮落、厭棄自己時也依然如此。我曾經認識一個忠誠地站在朋友身邊的

人，他的朋友因終日酗酒和各式各樣的罪惡而被家人趕出了家門，即使連家人都厭棄了他，這位朋友依然對他關愛如初。有幾次他因酗酒而無法站立，倒在冬日的街旁，幸虧他的這位朋友及時趕到才使他倖免於凍死在街旁。有多少次，這位朋友離開自己舒適溫暖的家而到骯髒齷齪的棚屋裡尋找他，使他倖免於警察的逮捕，幫他抵禦寒冷的侵襲，這個墮落的人最終被偉大而無私的愛和奉獻感化了、拯救了，重新找回了已經失去的自我，並重新回到了親人們中間。這種偉大而真摯的友誼的價值能夠用金錢來衡量嗎？

朋友能夠真正影響我們的一生命運。有人倖免於墮入絕望的深淵，是因為背後有強而有力的忠貞友誼的支持，因而沒有放棄對事業的執著追求。又有多少人對生命絕望時，想到還有人深愛和信任著自己，從而回心轉意，重塑自我啊！因為朋友的失誤，還有多少人心甘情願地承受因此而帶來的苦難啊！很多時候，來自於朋友的鼓勵或者善解人意的話語，會讓你因此而改變一生的命運，因為，你感受到了那種發自內心深處的震撼和感動。

有許多人長期忍受著苦難、疾痛和世俗的流言蜚語的折磨，而始終充滿必勝的希望，他們之所以堅持這樣做的原因就在於他們擁有朋友的大力支持，還有那些熱愛和相信他們的朋友，還有那些能夠在他們身上挖掘其他人所無法挖掘的優點的

朋友。如果僅僅是從自身出發，如果不是因為朋友的緣故，那麼，也許很早以前他們就不再追求生活和事業的目標了。

朋友的信任推動我們不斷前進。這種信任能夠在一定程度上激勵和鼓舞我們努力奮鬥，因為很多人對我們誤解和鄙視，而朋友仍然真正相信我們的能力。薛尼‧史密斯（Sidney Smith）說：「眾多的友誼建構了生命，無窮的幸福存在於愛與被愛之中。」

我們開創事業的最有利資本是我們擁有眾多的朋友，當初如果不是朋友的支持，那些現在成功的大人物也許早已在事業生涯中的某些危急時刻放棄打拚、放棄追求了。真誠的友誼能夠使生命中荒涼貧瘠的沙漠變為綠洲。

有人認為命運是友誼決定的，如果你擁有忠誠的朋友給予你的莫大支持，那麼你將得到朋友帶來的成功良機，在某一行業或某一職位上施展自己的才華。

如果我們能夠將那些成功人士以及那些為同事及下屬所推崇的人的生活仔細分析一下，並找出他們成功的祕訣，那將是一件十分有意義的事。

戴爾‧卡內基曾經對某個人的事業進行了一段時間的仔細觀察和研究，得出這樣的一個結論：在所有促進他成功的因素中，廣交朋友的能力要占去百分之二十的比例。實際上，他的這種能力培養早在他童年時期就已經開始了。他是個對周圍人

有強烈吸引力的人，他對他的朋友仁至義盡，他的朋友也非常願意與他交往，願意傾盡全力幫助他。當他踏入社會開創自己的事業時，他的這些肝膽相照的朋友發揮了極大的作用，他們不但竭盡全力為他創造各種成功的機會，還千方百計增加他的知名度。可以這麼說，由於他的這些朋友傾盡全力的幫助，他的能力奇蹟般增加了許多，身上的光環也似乎漲大了許多、燦爛了許多，一句話，他開創的事業由於他朋友的無私幫助而致成功的機率大了許多，困難少了許多，大大縮短了成功程式。

但事實上，有很多人意識不到這一點，或者雖然意識到朋友對自己的支持幫助有益於自己事業上有所成，但並沒對此做過很高評價。他們多數把自己事業上有所成就全部歸功於自身的努力和自己擁有的聰明才智、精明強幹以及自己物資上的投入，他們對大談特談自己的才幹和輝煌業績樂此不疲，他們潛意識裡忽略了朋友對他們無私的幫助和支持。科爾登在談到這個問題時，頗有感觸地說了這麼一句：「朋友的無所求的幫助和健康一樣，往往在失去的時候人們才意識到它們的真正價值。」

朋友的原則和立場往往會影響到你為人處事的標準和方向，因此，你應該明智地選擇那些在各個方面都比你強的人做朋友，這並不是要你攀結那些物質上富有而精神匱乏的富人們，而是要你結交那些有著高尚人格、交際廣泛、有著現代公民素養的人，從他們身上汲取到有利於你成長和發展的營養。

在與他們交往的過程中，你的理想會逐漸得到提升，你追求的目標會更遠大，而且會付出比平常更多的努力，使自己逐漸靠近有利於自己發展的地方，最終成為一個世界矚目的成功人士。1861 年 3 月 3 日，麻州的州長安德魯在給林肯的信中寫道：「我們接到你們的宣言後，就立即開戰，盡我們的所能，全力以赴。我們相信這樣做是遵從美國和美國人民的意願，所有的繁文縟節都被我們完全摒棄了。」1861 年 4 月 15 日上午，他收到了華盛頓軍隊發來的電報，而第二個星期天上午九點，他就做了這樣的紀錄：「所有要求從麻州出動的兵力已經駐紮在華盛頓與門羅要塞附近，或者正在去往保衛首都的路上。」安德魯州長說：「我的第一個問題是採取什麼行動，如果這問題得到了回答，那麼我就該考慮下一步做什麼了。」

拿破崙知道，每場戰役都有「關鍵時刻」，把握住這一時刻就意味著戰爭的勝利，稍有猶豫就會導致災難性的結局。因此，拿破崙非常重視「黃金時間」。拿破崙說，奧地利軍隊的失敗是因為奧地利人不懂得 5 分鐘的價值。據說，在滑鐵盧企圖擊敗拿破崙的戰役中，他自己和格魯希（Emmanuel de Grouchy, marquis de Grouchy）在那個性命攸關的上午就因為晚了 5 分鐘而慘遭失敗。布呂歇爾（Gebhard Leberecht von Blücher）按時到達，而格魯希晚了一點。就因為晚了一點，拿破崙被送到了聖赫勒那島，從而改變了無數人的命運。

英國社會改革家喬治・羅斯金說：「從根本上說，一個人

個性成型、沉思默想和希望受到指導的階段是人生的整個青年
階段。青年階段無時無刻不受到命運的擺布，某個時刻一旦過
去，將永遠無法完成指定的工作，或者說如果沒有趁熱打鐵，
某種任務也許永遠無法完工。」

贏得信任靠親和力

在奇妙的自然界，每一束無聲的光，每一滴安靜的露珠，
每一種悄然進行的化學反應，都可能產生神奇的變化。這些寂
靜的力量往往勝過暴風驟雨、閃電雷鳴的力量，往往能催生出
一個了不起的將來。

在人類社會裡，最強大的力量就是默默的愛的力量。

一個愛占小便宜且斤斤計較的女人和一個溫柔賢良、包容
有度的女人，對家庭生活產生的影響截然不同，前者營造的是
喋喋不休、吹毛求疵、令人煩躁的氛圍，後者則只會讓生活更
溫馨、更甜蜜。

對於許多家庭來說，性情急躁的女人不僅會擾亂家庭的和
睦，還常常攪得四鄰也不得安寧。不可想像，一個男子與這樣
性格的女子建立起的家庭，會是什麼樣的生活狀態。

溫柔善良、處事大方、鎮靜安詳的女人，能夠很好地掌控

情緒波動的尺度，無論她的外在條件多麼差，她都要比那些外表亮麗、精明過頭、性格刁鑽的女人更吸引男人，更適合做妻子。

平易近人、心平氣和的人，無論從事何種職業，無論在家裡還是在社會上，都能很好地處理公共關係、和諧地與人相處，而這種和諧就是健康、就是幸福。

有點醫學常識的人都清楚，脾氣暴躁、易怒的人有害健康，會使生活品質急遽下降，長期如此，則可危及生命。

男人最希望在女人臉上找到和平、穩重的神情和充滿愛心的微笑；最頭痛看到由於發怒、妒忌留下的皺紋。

和善可親是美麗容顏的保護神，壞脾氣則是其最強勁的敵人。即便是傾國傾城的美貌，也抵不住粗暴脾氣的摧殘，不久就會變得醜陋和可憎。一些資深醫生認為，哪怕是一點點火氣，都會縮短一個女人的壽命。當然，男人也同樣如此，只是這種副作用在女人的身上更突顯些。對於許多女人來說，青春和美貌比什麼都重要，但她們卻往往忘記了更重要的一點：性情易怒、變化無常、嫉妒心強、受挑剔、譏諷別人等等不良習慣，都會在她們的臉上刻下難看的皺紋。

心理醫生認為，臉部是身體的一面鏡子，一個人神經系統的緊張和不協調都可以在臉部反映出來。每當心緒煩亂或發脾氣時，都會耗損一定的神經能量，眼睛也失去了往日的亮光，

鬆弛無力的肌肉昭示著人失去了朝氣，臉上的皺紋也顯示了身體極度不適。

與女人不同，男人認為心情舒暢、精神放鬆最重要。

平常人則認為安靜祥和的家庭生活更重要。一個情緒波動大，稍不如意就大吵大鬧的人，對於維繫家庭日常生活的寧靜是不利的。這樣的人正如炸藥一樣，一遇火星，立即爆炸，其後果難以預料。

但是，很可惜，在我們的教育系統中，並沒有加強培養和善可親的力量，也沒有強調好性情在創造和諧環境、維護健康和追求幸福生活方面所起的積極作用。

盡人皆知的名家、名人往往有自己獨特的一套方法，能夠把自己白水般波瀾無奇、乏味的生活，調和得如陳年老酒般甘甜醇美、回味無窮。有的人喜歡把遭遇的每件事都批判一番，而另外一些人則把它們視為有趣的回憶，這就是不同之所在。

有些人習慣換一種方式面對生活，他們可以把生活中的烏雲變換成色彩豔麗的朝霞，這種轉變同時也激勵著他們，使他們更有信心和力量來承擔生活的壓力。他們的笑臉就像燦爛的陽光普照每個家人、每個角落。他們的好心情感染著每個家庭成員，為家人驅走惱人的惡魔，帶來快樂的天使，讓一切美好的東西提升到更高的位置。

反之，另一部分人則總是以憂愁、鬱悶的心態面對生活。

與他們相處，你會不自覺地情緒低落，有一種窒息感。別人的一點點成績，總是讓他感到嫉妒和不安。他們的思想呆板、歪曲，與他們在一起的人也無法正常思考。他們尖酸刻薄、指桑罵槐、惡意刁難，簡直令人無法接受。

有一個女孩子，當她意識到自己身材和容貌上的缺陷時，並沒有自暴自棄，而是開始加強性格方面的修養，後來，她終於成功了，人們完全忽略了她的容貌和不勻稱的身材，她用另一種美掩蓋了自然缺陷，讓生活變得絢麗多彩起來。

這個女孩的臉一邊大一邊小，高高的鼻梁，長著一雙斜視眼，嘴巴很大，牙齒也不是很整齊，身材上身太長，下身太短。要是一般的女孩，早就把自己鎖在房間裡，不說話，也不見任何人，完全封閉起來。但是她卻克服了自己身體上的缺陷和心裡顧慮，走出閨房，走向人群。誰都知道，她很自愛，因此從沒有人嘲笑她的外貌，繼而排斥她。正是培養了一種超凡脫俗的優雅氣質，一種艱強、嚴謹的性格，她徹底改變了自己。當你與她交談時，你會為之傾倒，她身上有一種難於言表的東西吸引著你，那是美好心靈的自然流露，你能夠真切地感覺到，她很重視你、正關注著你。

這是一種美德的展現，是來自內心深處的美，不像那些外表上的美，經不起歲月考驗，很快就變得蒼白空洞，毫無吸引力。來自心靈的美是永恆的，不會隨著時間的流逝而枯萎。然

而，這種美往往只在相貌平平的女孩子身上才容易找到。心靈之美沒有年齡差距，永遠放射光芒，即使你步入老年時仍能顯示其魅力的光彩，也就是說，只要擁有平和的心態、樂觀的心情和飽滿的熱忱，你就永遠年輕。無論你的外在條件多麼差，努力培養心靈美吧，它能讓你煥發美的氣質，也可以感染你周圍的人，讓他們受益其中。

世界上沒有哪個評估大師能估算出優雅性情的價值是多少，但卻可以感受到擁有它的人為我們帶來的美好時光。他生活的每一個角落，都似開滿了鮮花，花香怡人；無論身處何地，他都播下快樂的種子，驅走鬱悶，燃起希望之火；他就像初升的太陽，帶來一片光明，受到這種美的薰陶，任何粗莽和不文明行為都會為之改變。在我們的生活中，和善可親的個性對於另外一個心靈是最大的安慰。它的光輝讓任何浮華黯然失色，它是你贏得更多友誼的法寶。

猶猶豫豫、不肯付出的人是愚蠢的，就像一位小心謹慎的農夫一樣，自認為來年的乾旱會讓所種的糧食顆粒不收，也就無心去備耕，與其讓種子枯死在地裡，還不如放進糧倉裡，當作來年過冬的口糧。結果，旱災沒有像他預想的那樣如期而至，他的鄰居們獲得了大豐收，而他自己只好忍飢挨餓艱難度日。

一個偉大的慈善家說，施捨財富實際上是變相儲蓄財富，

表面上好像是失去了它們，其實自己得到的更多。我們所給予的東西就像進了聚寶盆，可以得到無數倍的回報，這是一種世界上最有遠見，也是獲利最豐的投資項目，財富累積就像滾雪球一樣無限度地增大，付出！付出！再付出！是我們物質免遭貶值、精神免於枯萎的偉大保障，它同時也使我們的生活變得多滋多味。

一毛不拔的心態是在自取滅亡。一個從未關心幫助過別人的人，一旦被要求付出一點時，總是會緊捂錢袋，顯出事不關己、高高掛起之神態。這樣的人從來不關心周圍的人和事，只願關起窗獨享自己的財富，只想索取不願給予，長久下去，他們只會變得渺小、自私自利，讓人瞧不起。

這些人的心理是扭曲變形的，他們把正常的愛心和同情心藏得很嚴實，並用冰塊封閉住，以為這樣最安全、最保險。事實上，這種冷漠無情、毫無憐憫之心恰恰在漸漸銷毀他們自認為儲存得天衣無縫的東西。他們的靈魂已經被自私和貪慾所吞噬，心理變得狹隘、封閉，生怕一句溫暖的話、一點愛心、一個笑臉會讓自己失去什麼。這種人完全喪失了幫助鼓勵他人的憐憫之心，更不會給他人帶來幸福，最後，他們變成了窮光蛋，名副其實的一無所有。

一個身材魁梧的人看見一個面黃肌瘦、尚未充分發育完全的年輕人正在健身，就對他說：「小子，不要再練了，留些體力

給工作吧，把力氣都消耗在雙槓和啞鈴上是很不值的，你身體這麼瘦弱，這樣下去會出毛病的。」「您錯了，好心的先生，你不懂得這種鍛鍊的益處所在。如果我想更有力量，首先必須得付出。當我把體力用在這些器材上後，我會得到更多的體力，而且，我的肌肉也會不斷強壯起來，就像您一樣更有力、更健壯。」年輕人喘著氣說。

付出越多，自己的財富反而會增加越多，一門心思地貯藏反而越剩越少，這就是財富增加或減少的基本法則。

就拿玫瑰來說吧，自私的玫瑰說：「我不要綻放花蕾，不要散發寶貴的香味，那照耀萬物的陽光和滋潤萬物的雨露都應該屬於我一個人。」同時這朵玫瑰還會找出一大堆理由來掩飾自己的私心，它說：「為那些急步匆匆、粗心大意的人吐納芬芳實在是一種浪費，他們根本不留意這些。」可這麼做的後果卻是，花蕾未放即凋，枯萎死去，被清潔工扔進了垃圾箱。再看看另外一朵慷慨大方的玫瑰，它說：「我會盡量綻放我的花朵，最大限度地散發我的芳香，希望每一個過路的人都能夠看到我的美麗而心喜，聞到我的香味而振奮精神。」結果，這朵玫瑰愈加豔麗、芳香，路人都能感受到它的美。也許它並不是最大的一朵，也許也並沒有那麼香，但只要真心付出了，就會有所收穫。此時，它會驚奇地發現，陽光、雨露和土壤裡的養分使自己更茁壯地成長，開出的花朵也更大、更美，散發的香味更迷

人，同時也得到了更多人的關注和讚賞。

　　養成樂善好施的習慣，並落實到行動上，遇到情緒低落的人不忘說句鼓勁的話；對那些從事低層工作的人，如清潔工、報童、建築工人、飯店或餐廳的服務員以及辦公室裡的雜務工，不忘記經常說一聲「謝謝」；對於孤寡老人和失學兒童，不忘給予自己的愛心和同情心，如此等等。這樣做以後，我們的心胸會更開闊，靈魂會更高尚，也會使我們的生活像綻放的玫瑰一樣更美麗、更幸福。

　　這種肯付出、肯奉獻的品格，使我們在生活中能夠發現很多值得給予、需要幫助的人或事。那些揹著生活重擔艱難前行的人需要鼓勵的話語，還有許多人需要我們付出愛心或者是拉一把，當然，我們不可能完全了解自己給予的小小幫助，是否會像撒下的種子，茁壯成長，結出纍纍的果實，但至少有一點可以肯定，一顆受傷或疲憊的心，在得到陌生人的鼓勵後，定會大受鼓舞，堅定信心，勇敢面對生活的挑戰。一句關心的話語、一個信任的眼神、一次有力的握手，都會給予那些絕望中的人力量、堅強，從此改變自己的生活。

　　世界上有一種最為貴重的禮物是用金錢買不到的，它代表的不僅僅是禮物，更重要的是一份愛心。聖誕節快到了，一個長著一雙大眼睛的小女孩打碎了自己的存錢筒，用裡面所有的錢買了一張精美的賀卡給她的爺爺，並在上面工整地寫上：「爺

爺，我愛你，非常愛你。」這張小小的賀卡表達了小女孩多麼真實的心意啊！它又對映著多少世間純真之美啊！這個小女孩給我們上了一堂意義深刻的情感課。

不論你擁有什麼，都不要忘記與他人分享，那樣才會快樂。但要真心實意，口是心非地付出只會招來反感。這個世界最珍貴，最最需要的就是愛心。一位偉人曾說過：「讓你的愛心在的你生命之路開滿鮮花吧！這樣你一路都會有鮮花相伴。」

想一想，你日常最習慣以什麼樣的表情示人？是呆板冷漠、一臉嚴肅，還是沉穩有加？是怒氣沖天，還是默默安靜？是粗魯還是貪慾盡顯？周圍的人對你是笑臉相迎呢，還是避而遠之呢？如果有人一見到你就想躲開，那你就太可憐了。

表情的力量不容忽視，是人們每天生活中的一件大事，我們千萬馬虎不得。

有一位主管，他的臉上總是洋溢著微笑，不管對工作還是對生活，不管他遇到多麼令人生氣的事，你都不會從他臉上找到蛛絲馬跡，即使心中的怒火立刻就要爆炸，顯現在他臉上的仍然是平和可親的笑容。他的眼睛裡總是流露出笑意，好像自己發現了寶貝一樣。

很多人都想探知他的成功祕訣，因為他們實在找不出他的過人之處。其實，他的法寶正是他臉上始終展現的迷人笑容，那是他擁有的一筆鉅額財富。

如果你也能像這位主管那樣笑對生活，那麼你不僅會贏得友誼，還會找到成功的機會。無論你遇過多麼棘手的事，心中有著多大的委屈，這種樂觀向上的心境都會使你愉悅，與人和平友好相處。

一位成功女士說：「我覺得微笑是無價之寶。」所以她所到之處，總要以自己甜美的微笑感染他人。於是，每一個為她提供服務或方便的人，都很心甘情願。正是這位女士友好的微笑影響並感動了他人，她也因此得到了更大的回報。

人生短暫，需要我們做的事卻很多，不要讓失望、灰心喪氣浪費生命中的每一秒，用希望、躊躇滿志真實地走出每一步，才最具意義。人生本來充滿了快樂，只要你好好把握就會得到誠摯的回報。當你買冷飲時，讓人擦皮鞋時，走出餐廳時，或擦完車時，面帶微笑向他們致謝，你會使他們心花怒放感到勞動是值得的，覺得你這個人有一顆愛心，即而給你發自內心的祝福，世間還有什麼比這更美好的事呢？它比那些所謂的要事更有價值，能夠從根本上改變我們的生活。全心全意地給予吧，給予他人的越多，得到的回報也就越多，你的生活也一定會布滿彩虹。

世界能夠反映心靈

　　有一個小女孩，她總說自己的生活中滿是幸福，因為每個人都非常愛她，她不明白為什麼有的人悶悶不樂，有的人要泣不成聲。其實，她之所以得到人們的愛，正是因為她也同樣有一顆善良的愛心。她熱愛大地，熱愛世間生靈，熱愛一切，而那些得到她愛的萬物，無不向她表達著心意：「生活多麼美好啊！」可是，為什麼有些人卻極不願以這樣的心態來面對生活呢？從宗教角度來說，萬事萬物都是神的意志。若遵循上帝的本意來生活，以實事求是的態度看待生活，而不是用占卜來指導一切，不是用有色的目光來審視生活，相信世上的萬事萬物也會對我們說：「生活真美好，一切都那麼相得益彰。」如果我們懂得知足常樂，就不會產生不滿情緒，就不會怨天尤人，生活也就永遠幸福、甜美。如果我們每個人都能尊重現實，誠摯地生活，世上也就沒有富人與窮人之分，沒有痛苦與快樂之別，有的只是幸福、完美。

　　每天一出門，見到的都是一張張自私、貪得無厭的臉，遇到的全是假公濟私的人，那該多麼悲哀呀。這樣的人是這個世界的垃圾，完全與宗教理念背道而馳，更與天國的和諧相去甚遠。這一張張憂愁、悲傷的面容，又怎能同溫暖、甜蜜的笑臉相比，這些顯現在臉上的美是與豔麗的花朵、翠綠的田野、幽

靜的森林和啾鳴的鳥兒相連繫的啊！

貪心不足、自私自利和臭名昭著，在天國裡是沒有容身之地的，人類也要將其驅逐。錯誤的思維方式、放縱的生活習慣是這些罪惡的根源所在。

只有無私的心靈才能與上帝溝通，才能發現事物積極的一面；只有神聖而純潔的靈魂才能發現美，認清生活的本質。醜陋的、錯誤的以及邪惡的思維方式，只會矇蔽自己的雙眼，看不到外在的美好。我們必須摘掉眼前的紗簾，用積極向上的生活理念去面對生活，探視世界，這樣才能真正體會到上帝給予我們的愛，也才能更好地去愛每一個人。

如果我們想做到外在美和內在美的完整統一，就必須把貪婪、自私和假公濟私的想法徹底清除掉，也要消除破壞別人和設定障礙給別人的想法，從而淨化思想，建立起井然有序的生活空間。

不幸的是，許多人往往禁不起物質利益的誘惑，讓那些雜質汙染了自己的思想，眼光和思維變得遲鈍起來，於是，除了暴利和物欲之外，什麼也看不見。在這些人眼裡，世界昏天黑地，世上的一切都是混濁不堪、毫無信譽的。

我們應該清楚，我們的所思所想，以及我們有意識的行為決定著我們對事物的了解和掌握，正由於此，我們很難看清一件事物的本來面目。一個人首先要用思想、動機和行為來認識

世界，所以，如果這個人的行為坦蕩、思想高尚、動機純潔，那麼他就是一個完美的人，在他身上我們將看到一切美好的東西。反過來，一個品行不端的人，為社會帶來的只是下流、骯髒和極其危險的因素。因此，我們必須拆除擋在眼前的柵欄，開闊眼界，以良好的動機、純潔的思想，支配端正的行為，這樣才能對社會有一個正確的認識。

你有沒有這種感覺，由於你經常出言不遜、舉止粗魯、一觸即發的臭脾氣，使你的許多朋友、同事和客戶都對你心存不滿，漸漸冷漠起來。生活中，每個人都喜歡追求輕鬆愉快的感覺，努力擺脫愁苦和煩悶，每個人都願意心存感動和溫暖，盡力摒棄冷酷和漠然，那麼，我們也應該轉向陽光明媚的一面，把那些陰影拋之腦後，避免困擾我們美好的生活。

如果每個人都能夠接受並願意去實踐樂觀生活的藝術，那麼世界將產生翻天覆地的變化。拿出時間來培養這種藝術造詣吧，它會給你帶來全新的生活，會讓你對生活更加熱愛。即使你身處逆境，對生活失去信心，它也會使你重拾生活的勇氣，擺脫困境，變得樂觀向上。

陽光是萬物生存的必要條件之一，沒有了陽光，生物不會生長，人類的生命和力量也不會誕生，而黑暗是沒有生命和希望可言的。熱情奔放、活力四射的人才是我們樂於看到、接受、鼓掌歡迎的，而那些愁眉苦臉、憂心忡忡之人，我們是不

應許其進門的。擁有明快愉悅的心靈，是人生最大的快事。時時面帶陽光般的微笑，是幸福的真諦。

我們認識世界的同時，也在不斷地改造周圍的環境，以利於我們更好地生活。思想消極的人，不懂得改造創新的好處，只是不停地報怨生活的不公和黑暗。這些悲觀主義者看到的都是生活中的陰暗、汙穢、腐敗和貪婪的一面，所以他們說社會正在退步，而樂觀主義者則從積極的一面認知社會，信仰人人平等，並盡量去創新，他們是推動文明的進步的力量。慈祥溫和的臉映照出來的是寬厚和安詳，能夠減輕生活帶來的壓力；而一張拉長的臉，只會加重憂愁和痛苦。憂悒的人對生活只能是草草應付，而樂觀的人則精神抖擻主動面對生活。

一個人的精神面貌一定程度上取決於本身的心境和品格，整個世界其實就是一個人內心的反映。如果我們情緒低落、愁容滿面，反映出來的就是悲觀和絕望。如果我們心平氣和、熱愛生活，世界回饋給我們的就是幸福。

一個人所及之處，認為任何事物都意味著幸福和快樂，每個人都是和善可親的，每個人都很有禮貌，樂善好施，那麼他一定有種滿足感。反之，如果他對看到的每個事物心存不滿、吹毛求疵，那他根本不會快樂，也感覺不到生活的美好，長此以往，就會變成一個厭世主義者。

世界是一面回音壁，可以把我們對於生活的不滿或感激一

絲不差地回饋回來，世界更是一面鏡子，我們對它扮鬼臉，它就對我們扮鬼臉；我們開懷大笑，它也對我們開懷大笑。

朋友是人生不可或缺的良師

　　朋友是一面明察秋毫的鏡子，它比水晶透明，比泉水清澈。詆毀、陰謀、諂媚絕不應該發生在這些明如鏡子的朋友之間。

　　伊利諾州的一位律師說：「林肯除了朋友外，一無所有。」他說的沒錯，林肯的口袋裡分文沒有，但卻珍藏友誼這個無價之寶。他就是在朋友們的無私幫助下，取得了事業上的成功。伯利勳爵談到一個人的處世原則時說：「誠信是贏得支持和財富的法寶。」

　　朋友對於初涉社會的青年來說尤為重要。它是創業的基礎，是成功的堅強後盾。在生活中，志同道合的朋友比錢財和學識顯得更重要。

　　美國第 20 任總統加菲爾（James Abram Garfield）就讀於威廉斯學院，在那裡，他與校長馬克・霍普金斯結下了深厚的友誼。許多年後，當他登上總統的寶座時，他說：「如果我能夠再回到童年時代，如果同時有兩所大學讓我做出選擇，一所是環境優美、設施精良、藏書豐富，但教授平庸的大學；一所是地

處深山老林、條件簡陋，甚至只有一間草屋、一張草蓆，但有著像霍普金斯博士那樣優秀睿智、知識淵博的教授大學，那麼我會毫不猶豫地選擇後者。」

而查爾斯・詹姆士・福克斯（Charles James Fox）卻在早期的家庭教育中，跟埃德蒙・伯克（Edmund Burke）染上了很多惡習，令人非常痛心。當然，歷史上也不乏誠摯偉大的友誼改變了一個人的性格、甚至一生的例子，這樣的朋友、這樣的友誼，讓人頓生敬佩之感。

沒有友誼的力量，許多人根本走不到成功那一步，正是因為有了朋友的鼓勵和幫助，他們才重新振作起精神、鼓起勇氣堅持了下來，直到最後成功。那些著名人物、成功企業家，以及在媒體上得到讚美的人，他們的背後都少不了默默無聞的妻子、母親、兄弟姐妹和其他朋友的激勵和無私的幫助，否則，其成功是不可想像的。

有些人成功後幾乎想不起，或者根本就不去想朋友在自己成功的道路上曾經起了多麼大的作用。他們把所有的功勞都歸為己有，把輝煌的頭銜都戴在自己的頭上，然後大說特說自己的眼光多麼獨到、判斷力多麼強，曾付出的勞動多麼艱辛。然而，如果我們直接或間接否定朋友給予的支持，忽略他們曾提供的重要建議，拋開他們給予的幫助和引導，我們中絕大部分人將會發現，自己為成功付出的只占很小的一部分。

一個剛剛工作的年輕律師通常要占用大量的時間和精力去結交朋友，培植友誼，因為這些朋友會對他日後成為有名的大律師有很大幫助。他的朋友會告訴別人，他如何地能幹、如何地敬業，像他這樣的人才，即使成為議員、最高法院的大法官也不足為奇。這樣的口碑對於他來說太重要了。沒有這些朋友的宣傳、推薦與支持，即使這位律師的能力再強，再能善辯，對法律條文的理解再透澈，也不會有人願意冒險去委託一個經驗不足的年輕人來承接自己的公訴案件的。

　　朋友的支持對於一個年輕的醫生也同樣至關重要。如果沒有朋友的幫助，即使他經過充分準備，對自己的醫術再胸有成竹，要想讓人們相信他的醫術高明，還是有一定困難的。但要是他的朋友在別人面前稱讚他的醫術，告訴別人他曾經很快醫好了自己的病，而且服務態度非常好，那麼，很快人們就會對他另眼相看，他的診室門口也會熱鬧起來。

　　與律師和醫生相比，小商人只是在形式上略有不同。

　　他要想開啟局面，必須先贏得大眾的好評和認可，商業領域有個信條：「顧客就是上帝，滿意的顧客就是最好的廣告。」因此，他只能以誠信示眾，盡量達到顧客滿意，然後那些得到良好服務的顧客就會很樂意把這家店介紹給別人，並建議別人去試一試，這樣小店的生意自然興隆起來。

　　認為朋友的價值展現在為自己賺錢的多少上，這是對友誼

的一種嚴重曲解，只是站在商業利益角度去挑選自己的朋友，這說明我們還沒有抓住友誼的本質，沒有具有一種高尚品格，也不會擁有真正意義上的友誼。

希里斯博士曾說過：「友誼與一個人的命運緊密相連，當年輕人忽視他身邊的朋友時，其成功的機率就定會大大降低。」的確，友誼對一個人的性格影響極大，在與朋友相處過程中，我們或多或少總會染上他們性格中好的或壞的一面、高尚的一面或卑劣的一面，正如查爾斯・金斯萊（Charles Kingsley）所說：「如果一個人與謊言家交朋友，他就會謊話連篇；如果一個人與嘲諷者交朋友，他就喜歡冷嘲熱諷；如果一個人與貪婪的人交朋友，他就會變成一個『鐵公雞』；如果一個人與仁愛的人交朋友，他也會樂善好施。」

比徹說自己在讀了英國著名藝術評論家羅斯金（John Ruskin）的作品後，心靈像是經過一次洗禮，整個人也變了。是的，我們最好的朋友往往就是那些偉大的作家。在一種高尚友誼的感染下，在一個崇高靈魂的鼓舞下，人們會真正認識自我，重新審視自我，從而樹立起完善自我的信心，這樣的朋友往往只能在閱讀了偉大作品後才能找到。

有些人就像一股清新的微風，讓人頓覺神清氣爽，與他們在一起，我們充滿生機與活力，我們會妙語連珠、幹勁十足；而在相反的情況下，我們就會呆頭呆腦、行動遲緩。所以說，

一個思想高尚、心態健康的人可以帶動你的思維，提升你的能力，啟用你的智力，豐富你的情感，激起你表達的欲望，喚醒你內心深處的靈感。反之則會抑制你的思想，封閉你的情感，讓你回到孤獨的自我世界中去。

愛默生說：「可以使我們竭盡所能、全力以赴的朋友才是我們真正需要的朋友。這樣的朋友有一種責任感，與他們在一起，我們覺得自己很偉大。他們深深地吸引著我們，為我們開啟了生活之門。在他們那裡，無論多麼難解的問題都可以得到透澈的解答，使我們的理解力得到提升。一個真正的朋友就像一臺挖土機一樣，挖掘出我們的全部潛能。」

許多人的人生轉變都來自良師益友的激勵和榜樣的力量。一個並不優秀的學生，在洞察力敏銳的教師的悉心調教下，會振作起精神，走出痛苦的陰影，變得光芒四射。通常情況下這樣的學生都有一種自卑心理，認為自己毫無優點，但是這些老師卻能看見他們身上別人看不見的長處，並鼓勵他們發揮所長，改掉缺點，做一個優秀的學生。可見，身邊有著眼光獨到的良師益友有多麼重要！那些賞識我們，幫助我們增強信心，為我們的成功護航的人，才是生命中最珍貴的無價之寶。

菲利普斯‧布魯克斯（Frederick Phillips Brooks, Jr）過人的記憶力被許多人羨慕以至敬仰，他自己也從沒懷疑過自己的能力，也正因為此，他讓自己的能力超乎尋常。布魯克斯的經歷

激勵著很多智力平常的人，使他們平靜下來重新審視自身蘊藏的能量，從而感覺自己就像一個超人，能夠做到從前想都不敢想的事。同時，與布魯克斯交往過的人也會意識到：如果一個人能力非凡，實際上卻自甘平庸；如果能夠昂首闊步，實際上卻屈膝爬行；如果能夠追求深遠，卻滿足於平淡，那麼他是卑賤、可鄙的人。

無法想像，沒有真正的友誼，沒有來自友誼的鼓勵、幫助和快樂，世界將是一番怎樣的景象。古羅馬政治家、哲學家西塞羅（Marcus Tullius Cicero）曾說：「沒有了生活中的友誼，就等於地球上失去了太陽，太陽是偉大的上帝賜予我們的最好禮物，友誼是我們快樂的根源所在。」

友誼不是單方面存在的，它建立在互相幫助、互惠互利的基礎上。一個人一毛不拔卻能收穫頗豐，或者傾己所有而一無所獲，這種交往中是沒有友誼可言的。

有交友意願的人，首先應該培養自己令人欽佩、極具吸引力的特質，因為不會有人讚賞卑鄙、吝嗇、自私、自利的特質，你必須忠厚誠實、寬宏大量，對他人要盡量包容。一個低調的、縮頭縮尾的、說話轉彎抹角的人，會遭人蔑視的。你必須表現出勇氣和膽識，膽小怕事的懦夫是不會有朋友的。你必須時刻充滿自信，否則別人也無法從你那裡找到信心。沒有誰喜歡與悲觀主義者為鄰，所以你也必須樂觀奮進，滿懷激情。

如果你對別人表現出真誠的關心，那麼，即便你沒有詢問他業務的細節，工作、家庭等情況，完全只是出於禮貌，別人也會注意你，並報以同樣的關心。你對他的關注和無私，會增進相互之間的友誼。反之，如若你愛貪小便宜，只想在相處中騙取小利，或想著利用別人的關係或能力來助自己一臂之力，而後拋之不顧，或把你們之間的關係看作是開啟金庫大門的一把鑰匙，那麼你永遠也不到真正的友誼。

對真正的朋友，就應該大膽、誠懇地表示出你對友誼的珍惜之心，不妨說出你敬佩、欣賞他的地方。對一個人的愛為什麼要埋藏心裡呢，不說出來，那個人又怎麼會了解你究竟有多愛他呢？說出心裡話，表達出愛，你並不會損失什麼，反而是連繫你和朋友之間的重要紐帶，有著很重要的意義。

有人向一位女士討教她與性情古怪的人也能友好相處的祕訣，女士回答說：「這不難，只要你盡力去欣賞他好的一面，無視他討人厭的一面就可以了。」再沒有比這更好的、可以贏得友誼的祕訣了。

生活中，無論你做任何事情，千萬不要以犧牲友誼為代價。即便是失去一個爬升的機會或一樁生意，也要讓友誼之樹常青。另外，也不要忘記與朋友保持緊密的連繫。

你與朋友之間應該將心比心，以心換心，這樣友誼才能長存。若由於發生不幸或其他原因，知心朋友離你而去，你應該

去結交一些新的朋友。不願擴大朋友圈子，是極其危險的。朋友的多少以及他們品格的好壞，往往對你的成功、快樂和價值展現起著舉足輕重的作用。

正確評估個人能力

　　大家同時走向職場，為什麼有的風生水起，有的卻波瀾不驚？關鍵在於你是否注重職業生涯的規劃與經營。職業投資理論認為，職場是一個投資場，職業者用自己的能力、知識、人格進行投資；在一個有發展潛力的職場，資本可能成幾何級數裂變增值。

　　那麼，如何才能使個人資本成幾何級數裂變增值呢？首先要「認識你自己」，因為一個人選擇什麼樣的職業，常與他（她）所處的環境及本人的興趣、愛好、性格、氣質及能力有密切關係。從某種意義上來說，興趣、性格、氣質及能力是一個人在選擇職業時首先要考慮的問題。所以，求職者在擇業過程中首先應對自身有個客觀而全面的分析。

　　在古希臘宗教中心德爾菲阿波羅神廟牆上鑴刻著這樣一句箴言：「認識你自己。」在這裡，我們且不說這句話高深莫測的哲學意思，對正在設計職業生涯道路的你卻有著非凡的重要性。

　　你是否能正確地「認識你自己」，正確「認識你自己」的興

趣、能力、激情、欲望、壓力、好惡、理想……並將這種對你
自己的認識，灌輸到你在職業場上的追求與奮鬥，是決定你奮
鬥成敗、生活品質、人生價值的核心要素。每個人只有對自己
的能力和興趣有了全新的發現和認知，才能在職場這個永不熄
火的競技場上，爭奪自己人生成功的奧運金牌。

正確的職業定位源於正確「認識你自己」—— 你對生活的最
根本追求（人生觀、價值觀），分析自己的興趣和能力，挖掘潛
在的能力，從而確定自己到底追求什麼職業目標。

選擇決定命運

你決定投身於某一項職業之前，請花一定的時間，對這項
工作做一個全盤的認識和了解、並且對自我的發展做個規劃（可
以去拜訪那些在這個行業做過 10 年、20 年的人，聽取他們的意
見），否則，人的一生將會變成什麼樣子，實在難以想像。

選擇決定命運

如果有人問你，你五年之後的工作會在哪裡？你會搖頭，
茫然？還是會自信地告訴別人，我早就定下了五年計畫，相信
自己一定能做到某個位置？如果你的回答是後者，那麼應該恭
喜你，因為你已經懂得了做職業生涯規劃，說明你離成功已經
不遠了。可是，我們發現，在現實生活中，更多的人只是人抱

怨：「1 年已過去了，可我還是老樣子。」

茫茫人海，有的人一擲千金，有的人捉襟見肘，同時都有手腳，貧富懸殊卻存在天壤之別，是造物主的安排，還是天生的智慧低下？都不是，是我們自己未能正確地選擇適合自己的發展道路。

人生的道路上，布滿了選擇，或者說人生就是由選擇組成。選擇是點，把選擇點連起來，就組成了人生的線路。

人的命運在於選擇，選擇的軸心是觀念。

人的命運不在於出身，不在於才能，甚至都不取決於教育。人的成功在於：用符合時代需求的價值觀念、思維方式去尋找最適合自己的人生道路。

危機與機遇是同時存在的。當人生轉捩點出現的時候，你必須做出最恰當的判斷與行動！在我們的生活中面臨著各式各樣的選擇，我們選擇鞋的樣式、汽車、電視節目、度假的方式、我們的人生伴侶，以及我們這本書最重要的話題 —— 選擇一份適合你的好職業。我們都有能力來選擇自己的生活，上帝賦予所有人這種選擇的力量，任何人都具備這種力量。每一項決定都是選擇的結果，你之所以做出這樣的決定，是因為你做了選擇，你的選擇往往出自於你的願望。

成功之路其實也是由許多的選擇構成的，比如它應該去哪個地方發展，它應該去哪個行業工作，它選擇一種怎樣的人

生，它選擇一個什麼樣的公司，它選擇什麼樣的人作為老闆，這都是選擇。

尋歡作樂、遊戲人生是一種選擇；孜孜不倦、爭分奪秒、埋頭苦幹也是一種選擇；邊做邊玩、亦玩亦做同樣還是一種選擇。不同的選擇把人們導向不同的路途和方向，使各自的人生呈現出不同的色澤和價值，最終收穫不同的果實。

選擇是一種力量。我們每個人的生活都是被動的，因此感覺不到這種力量的存在。一旦我們的人生為自己所把握，我們就能感受到這種力量的存在了。

美國人民選擇羅斯福，所以有了二戰的勝利；比爾蓋茲（Bill Gates）選擇退學，所以造就了微軟帝國的輝煌；帕華洛帝（Luciano Pavarotti）選擇歌唱事業，所以取得世界三大男高音歌唱家的成就……選擇決定命運！

兩難的選擇

一個選擇常常會對自己產生深遠的影響，但在職業的選擇中，我們時常會遇到各式各樣的兩難選擇問題。我們時常就會因為錯誤的選擇而使自身的職業發展受到長期的負面影響。所以，大家在面對職業兩難選擇的時候，應該特別慎重。

露茜是家網站的程式設計師，年輕漂亮，收入頗豐，又很受主管的賞識，更有同事的羨慕和嫉妒。

在外人看來，露茜可謂是春風得意，收入可觀、職業前衛，

生活事業一片錦繡，露茜理應自信快樂才是。然而，在露茜的內心深處卻有個潛藏了很久的苦惱，露茜早已厭倦了這份工作，日復一日的電腦操作使她除了感到單調機械外毫無興趣可言，而這更加激發她心目中的文學夢。

令露茜最為不捨的是現在高額的收入，它讓自己的生活有保障。但從興趣角度來說，露茜是一百個不甘心，她現在感覺好像都已經得了辦公室恐懼症。

露茜說，我就是不喜歡這份工作，但是又不能選擇我喜歡的工作，我感到很痛苦。一方面我怕失去高薪，別的地方未必能有這麼多；另一方面，我沒有我喜歡的工作所需的經驗和能力。這種長時間的矛盾狀態讓她很壓抑。

像露茜這樣的情況在我們身邊很常見。人們在職業探索階段及當某一方面取得一定成就時會經常遇到類似問題。結果不僅危害心理健康，更不利於職業發展。

露茜所遇到的問題，實際上是心理學上的兩難選擇，即兩個目標都對自己有吸引力，又都有令自己不滿意和為難的地方，因而導致內心矛盾重重，難以抉擇。

那麼面對兩難困境，我們該怎麼解決呢？

在有些地方，有不少年輕人學歷都不是很高，家長們都更願意讓孩子早點工作賺錢。一位朋友在孩子也提出想早點工作時，她經過一番權衡，很毅然地決定讓兒子繼續上學。她向我

解釋說:「上了學，以後有的是機會去賺錢；可是如果先去賺錢，上學的機會就不好找了。」在此，這位朋友引進了一個選擇的標準——機會的再生性。即如果某種選擇的機會是更難得的甚至是不再生的，那麼就應該優先考慮。如此一來，問題就迎刃而解了。

對於這種兩難選擇，英國倫理學家邊沁提出了著名的「快樂測量法」，他列出了七個標準，對我們做決策時有一定的參考價值。

——強度：即比較兩個選擇中哪一個的價值最有助於滿足選擇者的強烈需要。

——確定性：即優先選擇必須是能夠較確定地帶來預期後果而不是可能性較小的目標。

——永續性：即優先選擇帶來的預期後果是較為持久而不是較短暫的。

——遠近性：即優先選擇應當能較快帶來預期後果的。

——純潔度：即優先選擇那些副作用較小的。

——繁殖性：即優先選擇的目標應有助於其他價值的實現。

——廣延性：即優先選擇的目標，其預期結果應當對較大範圍的情景適用。

由此看來，露茜至少應在兩個維度上考慮自己的職業選擇：

第一，賺更多的錢和從事自己喜歡的工作哪個對自己更重要。第二，目標實現的確定性的大小，就是能不能實現自己當文學大師的夢。

對露茜來說，繼續當前的職業是較為實際可行的，而從事文學事業需要的不僅是機會，更需要累積。而要想做好當前的職業則需要透過一些專業方法化解其對文學的情結，而且就目前來看這顯得很必要。

正確的選擇

佳佳和歡歡最大的區別就是：佳佳總是能做出正確的選擇。

要擁有最多最好的乳酪，要獲得職業道路上的成功，歸根究柢就是需要你做出正確的選擇，選擇你的職業生涯，選擇你的大環境，選擇你的行業，選擇你的公司，選擇你的貴人。選擇對了，你就可以獲得屬於自己的最多最好的乳酪，擁有一份好工作；選擇稍有不慎，乳酪就與你擦肩而過。佳佳和歡歡從天賦上說，應該是相差無幾的，但是因為在人生幾個重要的選擇面前，做出了不同的選擇，從而導致了迥然不同的命運。

那麼什麼是正確的選擇？

在佳佳看來，正確的選擇就是選擇離開了垃圾場到乳酪城堡去發展，選擇了自己的人生。

那麼對於人生職業生涯規劃來說，正確的選擇就是選擇了符合自己特點的人生，選擇了適合自己發展的生態圈（大環境），

選擇了能發揮自己才能的工作與公司，選擇能幫助自己的貴人。

人在做出選擇的時候，大概沒有幾個人會認為自己是錯誤的，的確沒有人會故意將自己處於極其不利的地位，他們之所以沒能做出正確的選擇，是因為他們不知道怎麼選擇。

很多職業選擇都是在被動地無可奈何地局面下做出的決定。

另外，也有一些職業選擇是在自主地情況下做出的選擇，但是很遺憾，這些人沒有拿出一樣東西去選擇 —— 望遠鏡，目光的短淺直接導致了他們的平庸。他們被暫時的現象所矇蔽，所以往往不能做出正確的選擇。

比如約翰就是一個典型的例子，在經濟大蕭條的時候，迫於生存的壓力，他急需一份工作來維持自己的生活，至於什麼工作，也容不得那麼多想了，加上薪水當時也不錯，在做了一段時間以後，自己也不想去改變目前的狀況了，於是，他的美好前程被葬送在目光短淺的迫切選擇中。

一個決定會改變一個人的一生，這個決定是對是錯，需要你用一生做賭注。那麼，我們為什麼不做出正確的選擇呢？

要做出正確的選擇，你就得戴上望遠鏡自主地去選擇。我們希望你成為塞蒙或者佳佳而不是約翰或者歡歡。

方向正確你就成功了一半

有一對夫婦在鄉間迷了路，他們發現一位老農夫，於是就停下車來問：「先生，你能否告訴我們，這條路通往何處呢？」

老農夫不假思索地說：「孩子，如果你照正確的方向前進的話，這條路將通往世界上任何你想要去的地方。」

不知道有沒有人注意到，佳佳在尋找屬於自己的乳酪的道路上，在面臨無數的選擇的時候，都能做出正確的選擇，原因何在？

其實很簡單，作為一隻老鼠來說，牠才不知道什麼是正確的選擇，牠只要知道並且堅信一個守則，乳酪是老鼠們最喜歡的東西，我一定要有屬於自己最多最好的乳酪。《富比士》雜誌選出的韓裔日籍富豪孫正義，他在 19 歲的時候曾做過一個 50 年生涯：20 多歲時，要向所投身的行業，宣布自己的存在；30 多歲時，要有 1 億美元的種子資金，足夠做一件大事情；40 多歲時，要選一個非常重要的行業，然後把重點都放在這個行業上，並在這個行業中取得第一，公司擁有 10 億美元以上的資產用於投資，整個集團擁有 1,000 家以上的公司；50 歲時，完成自己的事業，公司營業額超過 100 億美元；60 歲時，把事業傳給下一代，自己回歸家庭，頤養天年。現在看來，孫正義正在逐步實現著他的計畫，從昔日一個撞球館老闆的兒子到今天聞名世界的大富豪，孫正義只用了短短的十幾年。

富人與窮人的本質區別就在於富人有自己明確的奮鬥目標。要想成為富人就必須確定成為富人的目標，然後堅定不移地向你認為正確的方向努力。當你確定好你的人生方向時，才

能成為一艘有航行目標的船，任何方向的風也都會成為順風。當你掘到人生的第一桶金後，你會發現賺第二個 100 萬比第一個 100 萬簡單容易得多。

從這一點我們可以得出一個結論，其實正確的選擇歸根究柢就是選擇正確的方向，用正確的方向做指導，你就一定能做出正確的選擇。

對於我們來說，一個選擇的正確與否，從某種意義上來說取決於其對未來的意義。我們經常在畢業的時候會遇到這樣的選擇，往往是有兩份使你有點動心的工作擺在你的面前，一份是待遇好，但是自己卻不怎麼感興趣；而另外一份薪水比較低，但卻是自己喜歡的，而且公司也比較有發展前途。那麼你該如何選擇呢？

相信一般人都會做出「我肯定會選擇我喜歡的工作」這樣的回答，但是這僅僅是一個假設。我們的腦子被灌輸了太多正規的東西：要實現人生價值，自由選擇，要堅持自己的理想等等，但是一旦面對現實，在現實社會中的地位、榮譽感、虛榮心等的衝擊下，我們的選擇就會錯位，大多數人都會如此。比如很多人為了追求安定的生活，過早放棄了自己的理想，在生活的城市裡做著自己並不喜歡的事情。還有很多人為了得到高薪水或者追求工作以外的東西，往往習慣性地淡忘並模糊自己的理想和興趣，並且強迫自己和別人認為這是最佳的選擇。無疑，

這是可悲的行為。

在職業生涯發展的道路上，重要的不是你現在所處的位置，而是邁出下一步的方向。

放棄也是一種選擇

每一種選擇其實都有其一定的合理性，種種選擇並非唯一的，不選擇也是一種選擇；每一種選擇也不是完全正確的，正確性只是相對於其他的選擇來說，其實還會有其他的更多、更好的選擇在等著我們。關鍵就在於，你所要做出的選擇是不是你想要的，是不是適合你自己的。

選擇的另一面就是放棄，選擇也就意味著放棄。

目迷五色，耳感八音，我們經常有久久地徘徊於人生十字路口的時候，這是因為我們不懂得如何選擇與放棄。

有哲學家說：你不可能同時跨入兩條河流。誠然，在實際生活中，我們經常會體會到選擇的困境，即選擇的兩難。比如說，你要看足球賽，同時你就不能去看棒球賽；你選擇去參加朋友的聚會，你就不能和家人在一起；選擇去夏威夷度假，就不能去阿拉斯加欣賞雪景。

某地發現了金礦，可一條大河擋住了必經之路，這時該怎麼辦呢？有人選擇繞道走，還有人選擇游過去。可就沒有人選擇放棄淘金。

是啊！為什麼非得淘金呢？還不如買一條船開闢擺渡業務，

這樣一來你就是宰得渡客只剩下一條短褲，他們也心甘情願，因為前面有金礦啊！有句古話說：「魚，我所欲也；熊掌，亦我所欲，兩者不可兼得，捨魚而取熊掌也。」

所以，當我們面臨選擇時，我們必須學會放棄，放棄，並不意味著失敗，而是為了更好的獲得。

像下圍棋一樣，雖然放棄了小的利益，但是得到的卻是更大的利益，許多個小利益的放棄，也就構成了整盤棋局的勝利。但是如果想兼得魚和熊掌，恐怕一樣也得不到了。

同樣，故事裡的佳佳和歡歡雖然在剛開始的時候，都捨棄了小的利益 —— 離開了衣食無憂的垃圾場，選擇了大的環境 —— 到乳酪城堡去發展。

在生活中，我們必須學會放棄，學會為了一棵樹而放棄整個森林，這也許是另外一種珍惜。未來是不可預知的，面對眼前的一切，面對選擇，你所需要做的就是選擇或者放棄，人生就是在選擇和放棄之中昇華。

專業與職業選擇

大學生所學的專業對擇業也有一定的影響。比如這幾年的擇業，理工科的畢業生相對就比較好找工作，資訊科系的畢業

生更是供不應求。儘管現在的大學教育是通才教育，以學習基本通用課程為主，但大學生在校期間經過系統的學習，在各自的專業領域還是會受到或多或少的薰陶，具有相對較高的專業修養。根據自己的專業擇業，可以較快地適應新工作，易於工作的展開，避免了工作以後再補課的負擔。同時，在大學期間累積的專業知識也可以使工作深度增加，有利於將來在工作領域的發展。

另外有些人在考入大學時，選擇科系時失誤，或者出於入學的考慮，在科系選擇上不盡如人意，出現對自己所學的專業不感興趣、能力型別與專業不符合、性格氣質與專業不符等現象，因此也有一部分人在畢業時不想選擇與科系相關的工作。出現這種情況時，我們也不要一味後悔、懊惱。很多哲學家都認為人生就是選擇。莎士比亞（William Shakespeare）也說過：「聰明的人永遠不會坐在那裡為他們的過錯而悲傷，卻會很高興地找出辦法來彌補過錯。」我們不應該總是想：要是我當初學的是什麼什麼專業之類的事。應該抹掉「要是」，改用「下一次」，向自己說：下次如有機會，我應該怎麼做。

許多用人單位已感到，只要具備較好的學習創新能力，即便以前沒有學習過對口專業，也能很快熟悉工作；而即使是專業對口的學生，如果適應能力和學習能力較差，也可能無法勝任工作，無法做出成績。現在許多大公司，學生到公司後都要

首先經過培訓，然後才根據每個人的具體特長分配適當工作。

據相關統計，在同一星期內進入大學應徵的 27 家企業中，有 1 家提出了不限科系。這樣一來增加了大學生就業機會，一方面也給企業爭得了應徵更多優秀大學生的機會。因為有許多非熱門科系的學生，論能力，也許要高於熱門科系的能力平平的學生，加之現在大學的通才教育，所以同學們不必對自己的專業不盡如人意太過在意。

對工作誠心投入

德國是賓士、BMW 的故鄉。面對賓士、BMW，你一定會感受到德國工業品那種特殊的技術美感 —— 從高貴的外觀到效能良好的發動機，幾乎每一個細節都無可挑剔，從中深深地展現出德國人對完美產品的無限追求。德國貨是如此的高品質，以至於在國際上成為「精良」的代名詞。

日耳曼民族素以嚴謹、認真聞名，對於德國的工業產品而言，正是日耳曼民族獨步天下的嚴謹與認真造就了德國貨卓著的口碑。

不過，很少有人知道，是什麼造就了德國人的嚴謹與認真。要是不知道這一點，我們就永遠無法學到日耳曼人打造精良產品的訣竅。

　　我們要告訴大家的是，心誠，產品就好。德國貨之所以精良，是因為德國人主要不是因為受金錢的刺激，而是用宗教的虔誠來看待自己的職業，來生產產品的。

　　我們知道，德國是著名的馬丁·路德（Martin Luther）宗教改革的發源地，路德為德國人帶來一個新的概念，那就是「天職」。在德語的 Beruf（職業、天職）一詞中，以及英語的 Calling（職業、神召）一詞中，包含的是宗教的概念：上帝安排的任務。

　　也就是說，對於一個教徒來說，他做一樣工作，生產一件產品，並不是為了薪水、為了謀生而做，而是為了完成上帝安排的任務。我們可以想像，這與只是為了對得起所拿的那份薪水相比，在工作態度的嚴謹與認真上會有多大的不同，製造出來的產品在品質上又會有多大的不同。

　　這一態度，可以說是造就偉大的德國民族最寶貴的精神資源之一。考察一下「天職」這個詞在文明語言中的歷史，我們會發現，無論是在以信仰天主教為主的諸民族的語言中，還是在古代民族的語言中，都沒有任何表示與我們所知的「職業」（一種終生的任務）概念相似的詞，而在所有信奉基督教新教的主要民族中，這個詞卻一直沿用至今。

　　和這個詞的含義一樣，這種觀念也是全新的，並首先用於路德所生活的德國。路德的職業概念中包含了對人們日常活動

的肯定評價，這種肯定評價的某些暗示雖然早在中世紀、甚至在古希臘晚期就已存在，但是，至少有一點無疑是新的：個人道德活動所能採取的最高形式，應是對其履行世俗事務的義務進行評價。正是這一點使日常的世俗活動具有了宗教意義，並在此基礎上首次提出了職業的思想。

事實上，路德的職業思想引出了所有新教教派的核心教義：上帝應許的唯一生存方式，不是要人們以苦修的禁慾主義超越世俗道德，而是要人完成自己在現實世界裡所處地位賦予他的責任和義務。這就是他的天職。

路德在其作為改革家而活動的最初 10 年中發展了這一思想。起初，路德同中世紀流行的傳統，例如以多瑪斯·阿奎那（Thomas Aquinas）為代表的思想基本一致，認為世俗的活動是肉體的事情，儘管它展現了上帝的意志、世俗活動是信徒生活中必不可少的物質條件，但是，世俗活動本身，如同吃飯、喝水一樣，在道德上是中性的。

路德認為，修道士的生活不僅毫無價值，不能成為在上帝面前為自己辯護的理由，而且，修道士生活放棄現實世界的義務是自私的，是逃避世俗責任，與此相反，履行職業的勞動在他看來是博愛的外在表現。他以勞動分工迫使每個人為他人而工作這一事實來證明這一點。

由於馬丁·路德的改革，履行世俗義務是上帝應許的唯一

生存方式的論述被保留了下來，並且越來越受到高度的重視。路德進而提出，在各行各業裡，人們都可以得救。既然短暫的人生只是朝聖的旅途，那麼，就沒有必要注重職業的形式。

隨著路德日益捲入世俗事務，他對世俗活動的評價也越來越高。不過，路德的職業觀念依舊是傳統主義的。他所謂的職業是指人不得不接受的，必須使自己適從的，神所注定的事。在以後的發展過程中，正統的路德派更多地強調從事職業是上帝安排的一項任務，或者更確切地說，是上帝安排的唯一任務。

在天主教裡，人們要得救，需要進教堂，並要苦修。

在路德改革後的新教教義中，德國人的工廠就是教堂，他自己就是牧師，他的職業就是侍奉上帝的旅途，這一切成為「德國製造」的最堅固的精神基礎。

整體來說，路德及其後來路德派的職業思想至少在三個層面上深刻地影響了德國人：一是將世俗工作視為神聖，並以最神聖的態度去從事世俗的工作；二是尊重自然形成的分工與合作，不過分注重職業的形式；三是極其安心於本職工作，有良好的職業精神。

正是憑藉全世界工作態度最好的工人，全世界最好的分工與合作精神，以及全世界最良好的職業精神，德國產品後來居上，成為世界上精良產品的代名詞。

將工作視為使命完成

每個人都應該學會熱愛自己所做的工作，即使做的是一份不太喜歡的工作，也要心甘情願地去做，憑藉對工作的熱愛去發掘每個人內心蘊藏的活力、熱情和巨大的創造力。

瑪麗·珍供職於西雅圖第一金融擔保公司，在三年的工作中，她贏得了「難不倒」的美譽。她既不是第一個上班，也不是最後一個下班的人。她有自己的一套工作準則，那就是 —— 今日事今日畢。她處理每一件事都細緻周到，這使得其他人為提升工作效率，總是想方設法把事情交給她處理，因為他們都清楚，這能保證他們的工作在第一時間高品質地完成。

瑪麗·珍也是一個值得部下為之賣命的上司，她總能認真傾聽同事的想法，了解部下所關心的事情；反過來，她也得到了下屬的喜愛和尊敬，遇到同事的孩子生病或有重要約會，她都能主動分擔他們的工作。而身為一名職業經理，她還要領導她的部門出色地完成每一項任務，她採用一種輕鬆的方法，幾乎不會讓人產生任何的緊張感。瑪麗·珍的小組贏得了好評，成為全公司公認的可以委以重任的團隊。

與此相反，三樓有一個營運部門，人數眾多，績效卻不理想，他們與瑪麗·珍的團隊形成了鮮明的對比，因而成為大家批評的焦點。

幾個星期後，瑪麗‧珍慎重而又有些不情願地接受了提升：擔任第一金融擔保公司三樓業務部的經理，雖然公司對她接手三樓寄予厚望，但她卻是硬著頭皮接受了這份工作。

在到三樓上任後的前五週，瑪麗‧珍的工作主要是努力去熟悉工作和周圍的人。如果把三樓描繪成「死氣沉沉」一點都不過分。瑪麗‧珍理不清思路，不知從何下手，但她清楚地意識到，必須盡快採取行動。她列出了下面幾個問題：

我的員工是否了解他們所珍視的安定可能只是一種假象？

他們是否認識到市場競爭正在衝擊這個行業？

他們是否明白，為了公司能在快速兼併的金融服務市場競爭中生存，我們都需要加以改變？

他們是否意識到，如果我們不改變，公司一旦在競爭中失敗，我們就得另謀生路？

電話鈴響了，她迅速抓起電話：「我是瑪麗‧珍。」「瑪麗‧珍，我是比爾。」

一聽是新老闆的聲音，瑪麗‧珍心想：「哦，天哪，又怎麼了！」比爾是她再三考慮是否答應在三樓工作的另一個原因，比爾享有「混混」的美譽。就她所知，他的確名副其實。他可以武斷地下一堆命令，打斷你的話，他還有一個讓人討厭的壞習慣，像家長一樣來詢問關於項目的進展情況。瑪麗‧珍是三樓兩年之中的第三位經理，她漸漸開始明白問題不全出在三樓的

員工，比爾也有問題。

「比爾，有什麼問題嗎？」

「大老闆親自參加了關於解決工作現場精神狀態難題的會議，他大發雷霆。雖然我認為僅僅指責三樓是不公平的，但是老闆好像還是認為三樓存在的問題最大。」比爾繼續說。

「他單單說了三樓嗎？」

「他不僅挑出了三樓，而且還幫三樓取了一個特殊的名字：有害精神垃圾場。我不希望我的任何一個部門被叫做「有害精神垃圾場」！難以忍受！這簡直是恥辱！」

下班後瑪麗‧珍碰到了朋友朗尼，聊起了她的煩惱。朗尼說：「其實，任何人都有可能不得不做一些令人厭煩的工作。我想，即使給你一個很好的工作環境，但是如果總是一成不變的話，任何工作都會變得枯燥乏味的，假如我們贊同這個觀點，那我們是不是也會同意，任何事情都可以帶著活力與熱情去做呢？其實啊，即使無法選擇工作本身，我們還可以選擇自己對工作的態度啊。」

瑪麗‧珍反覆揣摩著這些話並問道：「為什麼對工作本身就無法選擇呢？」

「問得好。你是可以辭職的，從這個意義上講，你可以選擇你要從事的工作。但是如果你有責任心並且考慮到其他的一些因素，也許頻繁地變換工作並不是一個明智的選擇。這就是我

所說的工作本身無法選擇的意思。而從另一個方面來講，你卻總是有機會選擇你自己的工作態度。」

「是的，我想我明白了。你可以選擇每天工作的態度，任何一種選擇都會決定你的工作方式。只要你在這裡工作，你為什麼不選擇聞名世界而是選擇甘於平庸呢？這個問題似乎是太簡單了。」

要有一個良好的開端。第一個步驟是要選擇我自己的態度。我選擇信心、信任和信念。我要把我的生命時鐘上緊發條，一邊解決「有害精神垃圾場」的問題，一邊享受在工作中學習和成長的樂趣。

星期一早晨清晨 5 時 55 分，瑪麗‧珍已坐在辦公桌前，在面前擺上了一杯熱氣騰騰的咖啡和一個紀錄本。瑪麗‧珍取出一枝筆，在本子上用大大的字寫道：

「人生最有意義的就是工作，與同事相處是一種緣分，與顧客、生意夥伴見面是一種樂趣。」

即使你的處境再不盡如人意，也不應該厭惡自己的工作，世界上再也找不出比這更糟糕的事情了。如果環境迫使你不得不做一些令人乏味的工作，你應該想方設法使之充滿樂趣。用這種積極的態度投入工作，無論做什麼，都很容易取得良好的效果。

人可以透過工作來學習，可以透過工作來獲取經驗、知識

和信心。你對工作投入的熱情越多，決心越大，工作效率就越高。當你抱有這樣的熱情時，上班就不再是一件苦差事，工作就變成一種樂趣，就會有許多人願意聘請你來做你所喜歡的事、工作是為了自己更快樂！如果你每天工作八小時，你就等於在快樂地游泳，這是一個多麼合算的事情啊！

將工作視為成功的跳板

「我不過是在為老闆工作。」如今，這種想法具有很強的代表性，在許多人看來，工作只是一種簡單的僱傭關係，做多做少，做好做壞對自己意義並不大。

漢斯和諾恩同在一個工廠裡工作，每當下班的鈴聲響起，諾恩總是第一個換上衣服，衝出廠房，而漢斯則總是最後一個離開，他十分仔細地做完自己的工作，並且在工廠裡走一圈，看到沒有問題後才關上大門。

有一天，諾恩和漢斯在酒吧裡喝酒，諾恩對漢斯說：「你讓我們感到很難堪。」

「為什麼？」漢斯有些疑惑不解。

「你讓老闆認為我們不夠努力。」諾恩停頓了一下又說：「要知道，我們不過是在為別人工作。」「是的，我們是在為老闆工

作，但是，也是在為自己而工作。」漢斯的回答十分肯定有力。但是，大多數人並沒有意識到自己在為他人工作的同時，也是在為自己工作 —— 你不僅為自己賺到養家餬口的薪水，還為自己累積了工作經驗，工作帶給你許多遠遠超過薪水以外的東西。從某種意義上來說，工作真正是為了自己。

希瓦柏（Charles Robert Schwab）出生在美國鄉村，只受過很短的學校教育。15 歲那年，家中一貧如洗的他就到一個山村做了馬夫。然而雄心勃勃的希瓦柏無時無刻不在尋找著發展的機遇。三年後，希瓦柏終於來到鋼鐵大王卡內基所屬的一個建築工地打工。一踏進建築工地，希瓦柏就抱定了要做同事中最優秀的人的決心。當其他人在抱怨工作辛苦、薪水低而怠工的時候，希瓦柏卻默默地累積著工作經驗，並自學建築知識。

一天晚上，同伴們在閒聊，唯獨希瓦柏躲在角落裡看書。那天恰巧公司經理到工地檢查工作，經理看了看希瓦柏手中的書，又翻開他的筆記本，什麼也沒說就走了。第二天，公司經理把希瓦柏叫到辦公室，問：「你學那些東西做什麼？」希瓦柏說：「我想我們公司並不缺少員工，缺少的是既有工作經驗、又有專業知識的技術人員或管理者，對嗎？」經理點了點頭。

不久，希瓦柏就被升任為技師。員工中，有些人諷刺挖苦希瓦柏，他回答說：「我不光是在為老闆工作，更不單純為了賺錢，我是在為自己的夢想工作，為自己的遠大前途工作。我們

只能在業績中提升自己。我要使自己工作所產生的價值，遠遠超過所得的薪水，只有這樣我才能得到重用，才能獲得機遇。」抱著這樣的信心，希瓦柏一步步升到了總工程師的職位上。25歲那年，希瓦柏又做了這家建築公司的總經理。

卡內基的鋼鐵公司有一個天才的工程師兼合夥人瓊斯，在籌建公司最大的布拉德鋼鐵廠時，他發現了希瓦柏超人的工作熱情和管理才能。當時身為總經理的希瓦柏，每天都是最早來到建築工地。當瓊斯問希瓦柏為什麼總來這麼早的時候，他回答說：「只有這樣，當有什麼急事的時候，才不至於被耽擱。」工廠建好後，瓊斯推薦希瓦柏做了自己的副手，主管全廠事務。

兩年後，瓊斯在一次事故中喪生，希瓦柏便接任了廠長一職。因為希瓦柏的管理藝術及工作態度，布拉德鋼鐵廠成了卡內基鋼鐵公司的靈魂。因為有了這個工廠，卡內基才敢說：「什麼時候我想占領市場，市場就是我的。因為我能造出又便宜又好的鋼材。」幾年後，希瓦柏被卡內基任命為鋼鐵公司的董事長。

希瓦柏擔任董事長的第七年，當時控制著美國鐵路命脈的大財閥摩根，提出與卡內基聯合經營鋼鐵。開始的時候，卡內基沒理會。於是摩根放出風聲，說如果卡內基拒絕，他就找當時居美國鋼鐵業第二位的貝斯列赫姆鋼鐵公司聯合。這下卡內基慌了，他知道貝斯列赫姆著與摩根聯合，就會對自己的發展

構成威脅。

　　一天，卡內基遞給希瓦柏一份清單說：「按上面的條件，你去與摩根談聯合的事宜。」希瓦柏接過來看了看，對摩根和貝斯列赫姆公司的情況了如指掌的他微笑著對卡內基說：「你有最後的決定權，但我想告訴你，按這些條件去談，摩根肯定樂於接受，但你將損失一大筆錢。看來你對這件事沒有我調查得詳細。」經過分析，卡內基承認自己高估了摩根。卡內基全權委託希瓦柏與摩根談判，取得了對卡內基有絕對優勢的聯合條件。

　　摩根感到自己吃了虧，就對希瓦柏說：「既然這樣，那就請卡內基明天到我的辦公室來簽字吧。」希瓦柏第二天一早就來到了摩根的辦公室，向他轉達了卡內基的話：「從第 51 號街到華爾街的距離與從華爾街到 51 號街的距離是一樣的。」摩根沉吟了半晌說：「那我過去好了！」摩根從未屈就到過別人的辦公室，但這次他遇到的是全身心投入的希瓦柏，所以只好低下自己高傲的頭顱。

　　後來，希瓦柏終於建立了大型的伯利恆鋼鐵公司，並創下非凡的業績，真正完成了從一個員工到創業者的飛躍。

第四章　職業成功

有財富不代表不需要工作

「什麼？你說你不想讀書了？」格雷先生對僅僅 15 歲的兒子不想讀書感到十分吃驚。「是的，我想我是不願讀書了，讀書有什麼用？」查理回答道。「你是不是認為你的知識夠豐富了？」格雷先生問。「我是有這種想法，至少我不比喬治‧里曼懂得少，他 3 個月前就棄學了，他爸爸是個有錢人。」

說完，查理轉身就要出門。「查理，回來！」父親命令道，「如果你真的不想繼續讀書，那你就必須去工作養活自己，我可以供你讀書，但絕不會供你揮霍。」

一天，格雷先生帶著查理來到了一座監獄。在監獄裡，格雷先生見到了他的老同學。他搶先打起招呼：「嗨！哈默先生，見到你我非常高興⋯⋯」格雷先生頓了頓又說道：「可在這個地方見到你我又感到非常遺憾。」「我現在也非常悔恨，可又有什麼辦法呢！」那個囚犯注意到了查理：「這是你的兒子吧？」「是的，他叫查理，他年紀與我們一起上學時的年紀差不多，約翰，你還記得那段時光嗎？」

「當然，我怎麼能忘記那段時光。雖然我希望那只是一場夢，能夠從頭再來，可又怎麼可能，事實就是事實。」囚犯不禁感嘆起來。「究竟發生了什麼事？我記得在我們分別時你的狀況很讓人羨慕，到底什麼事導致了你今天這樣？」格雷先生問。

「很簡單！」囚犯俐落地回答道，「這一切只因為我遊戲生活，我原以為讀書只不過是浪費時間，我有我父親留給我的一大筆遺產，我根本不用讀書。我整天與那些社會渣滓混在一起花天酒地，肆意揮霍。直到有一天早上醒來我才發現我已一無所有。我想透過工作來賺錢，可到那時我才知道這一點我也無法做到，我要活著，而活著就必須有錢，接下來的事就可想而知了。」

獄警來叫哈默做事，哈默離去了。格雷先生問獄警：「有多少囚犯可透過訓練，憑工作謀生？」

「10 人中也許找不到 1 個。」獄警回答。「查理，我之所以告訴你，你必須自己工作養活自己，是有一定道理的。」在回家的路上，格雷先生對兒子說，「這次你也看到了監獄裡的情況。是的，我的確是個有錢人，但我的錢只能供你上學，而不能供你不用工作就能很好地生活下去，無論是現在還是將來。要知道，一個人無所事事、遊手好閒是多麼可怕，足可以毀掉他一生。」

查理考慮了一下，對父親說：「那好吧，爸爸，星期一我就返校。」

工作會為你帶來許多

　　約翰‧亞當斯（John Adams）感到實在無法忍受學拉丁語了，於是鼓足勇氣向父親提出不學拉丁語的請求。「那好吧！」父親這樣答道，「既然你不想學了，那你就去水田挖幾條排水溝吧！」約翰本來就戰戰兢兢地向父親提出不學拉丁語了，現在對於父親的這個命令就更不敢違抗了。他拿起鐵鍬就去了水田，一做就是一天，約翰邊做邊考慮不學拉丁語一事。晚上回到家，約翰又來到父親身邊，請求父親允許他繼續學習拉丁語。父親依然很平靜，同意了他的請求。從此，約翰全身心投入到學習中，並在學習中養成了一絲不苟的做事習慣。許多年以後，約翰成了美國建國以來的第二任總統，成了世界名人。

　　「如果我的錢只用來供自己花銷，那我又何必一定要辛勤工作呢？」許許多多年輕人都有這樣的疑問。如果一個人真的不用出錢供養自己的母親、姐妹以及妻子，那麼真的是上帝對他寵愛有加了。但是他要明白：良好的品性一定是要經過辛勤勞動來塑造的。

　　一位透過自己勤懇勞動致富的人年輕時沒有接受過良好的教育，所以他很希望自己的孩子在這方面比他強。臨去世時，他卻後悔不迭：「我雖希望他們接受良好的教育，但我花在這方面的心血還是太少了。他們一直過著養尊處優的生活。我多希

望他們能夠成為品德高尚令人尊敬的人，可事實卻是：一個是醫生，卻沒有一個患者來找他看病；一個是律師，卻從來沒人請他出過庭；一個在經商，可從不關心經營情況。我多次勸他們做人要誠實，做事要勤懇，可他們就是聽不進去。他們總是回答：爸爸，你有花不完的錢，我們又何必辛苦地去做事呢？」

《青年導讀》裡記載了西拉斯·菲爾德成長的故事。西拉斯·菲爾德是大西洋電纜建設工程的發起人，著名的企業家。他16歲那年拿著全家人辛辛苦苦積攢下來的8美元離開斯托克布里奇到紐約發展。西拉斯·菲爾德來到紐約的哥哥家住了下來。他的哥哥大衛·菲爾德很是爭氣，透過努力成為了紐約法律界的一位要人。在哥哥家居住的時候，西拉斯·菲爾德感到很不快活。哥哥家的一位客人馬克·霍普金斯看出了他的異常，對他說：「一個孩子如果離開家後總是想家，那他是沒有什麼發展的。」

沒多久，西拉斯進入了當時紐約市最好的乾貨交易店——斯圖爾特店工作。剛去時，西拉斯只做些打雜的工作，年薪是50美元，早上六點以後開始工作。在當上店員之後，早上八點開始工作，一直到晚上沒有客人為止。

「這一次我用上了心。」菲爾德這樣記載道，「我保證在第一個顧客來到之前趕到店裡，最後一個顧客離去後再離開。我努力學習一切我認為有用的知識，我要做一個讓所有人都佩服的

經銷商，我知道將來的成功是建立在今日的努力基礎之上的，我一有空就去圖書館看書，我還是每週六晚上舉辦活動的辯論團體的成員。」

實際上，店主斯圖爾特本身就是要求嚴格的人，他要求斯圖爾特店的每一位店員早上上班必須登記，午飯和晚飯以及請假回來也都必須登記。假如早上上班遲到，或者午飯超過 1 小時，晚飯超過 45 分鐘，都要受到懲罰。西拉斯‧菲爾德在遵守這些規定方面是個典範，他沒有受到一次懲罰。除此之外，他的業務還是最佳的，所以他很快受到了斯圖爾特本人的重視，如果不出什麼意外，提拔他只是個時間的問題。

斯圖爾特當年兢兢業業苦心經營自己的生意，隨著生意越做越大，他的這種經營態度也越來越得以全面展現。他制定的制度科學而合理，這使得他的大集團以令人吃驚的良好態勢高速運轉。斯圖爾特還是個精益求精的人，在他病入膏肓行將離世之前，他還在思索能夠進一步提升工作效率、完善各部門合作的各種可能性。

斯圖爾特是偉大的，那他的後繼者呢，是不是也同樣不平凡呢？斯圖爾特的繼任者接手的是龐大的商店銷售網和斯圖爾特遺留下來的科學的管理制度，但是斯圖爾特的繼承者卻沒能很好地繼承這一切，他們不關心商店的經營狀況，對客戶也非常不禮貌，也不檢查各部門的各項工作，他們只是眼看著這

龐大的商店和財富而驕傲不已，他們以為商店會自動順利運轉下去，會帶來數不清的財富。這樣做的結果可想而知，但由於斯圖爾特店的確真的是財力雄厚，再加上斯圖爾特店原先良好的聲譽，致使某些弊端、危象在頭幾年沒有顯現，或顯現不明顯，但這種表面繁華狀況很快就消失殆盡了。首先，老顧客表現了不滿，繼而所有顧客都心存不滿，斯圖爾特的繼任者們終於看到了：他們的商店收入在減少，信譽在下降，顧客寥寥無幾。更讓他們感到可怕的是，投資者也失去了耐心和興趣，都準備撤資或停止投資。

關鍵時刻，約翰・沃納梅克（John Wanamaker）接手了斯圖爾特店，沃納梅克是一個與斯圖爾特同樣不平凡的人，也是一個白手起家的商業能手。在當學徒工的時候，他距離工作單位 —— 位於費城的一個書店 4 英里，每天他必須步行去那裡，可薪水只有每週 1.25 美元，但是沃納梅克發誓要賺到多於老闆10 倍的收入，這個念頭支持他一直堅強地向前走，終於成功。沃納梅克接手斯圖爾特店僅僅幾年，就又使斯圖爾特店重現了斯圖爾特在世時的繁榮景象。

一個想要成就一番事業的人，只有像斯圖爾特和沃納梅克一樣立足現實、辛勤工作，並且持之以恆，十年如一日，才有可能成功，成功之後也不要滿足，更不要驕傲，這樣才有可能創造富足、美滿的生活，並可能長久保持下去。

珍惜每分每秒

「米開朗基羅（Michelangelo）真是個非同凡響的人物。」一位法國作家這樣評論道，「他雖已年逾 60，已不那麼強悍，但看他在大理石上飛快地揮舞著雕刻刀，依然顯得那麼遒勁有力。他一刻鐘完成的工作量，3 個壯年一個小時也完成不了。他真讓人佩服，碎石在他雕刻刀下飛濺，那氣勢、那力量會讓人以為在他一擊之下整塊石頭都有可能粉碎。懂得雕刻的人都知道多雕刻掉哪怕是一根頭髮厚度的石片，都可能使整個雕刻工作前功盡棄，所以許多人都很擔心米開朗基羅那雄勁有力的一揮、一戳，畢竟掉下的石頭不會再重新補上。」

而米開朗基羅則對另一位非凡人物 —— 拉斐爾（Raffaello Sanzio da Urbino）讚嘆不已：「他才是最值得人類歌頌的，因為他的靈魂最美麗，他以他的勤奮創造了一個又一個最燦爛的輝煌。」許多人都驚嘆拉斐爾何以能夠創造出如此完美的作品，拉斐爾對此的回答是：「從小時候起，我就養成了重視任何事物的習慣。」可惜的是，這位藝術家英年早逝，38 歲就離開了這個世界。羅馬陷入了深深的悲痛之中，連羅馬教皇利奧十世（Pope Leo X）也為拉斐爾的離世悲傷哭泣。拉斐爾為後人留下了 287 幅繪畫作品，500 多張素描。其中有些作品藝術價值無法用金錢衡量。在那些整天懶散無事、不思進取的年輕人看來這是多麼

不可思議而教訓深刻啊！達文西（Leonardo da Vinci）也是個勤奮而有大成就的人，他每天在天剛矇矇亮時就起床去工作，一直工作到天黑什麼看不見為止，就是在這樣勤奮工作下，達文西才為我們留下了許多寶貴的精神財富。

魯本斯（Sir Peter Paul Rubens）成了名畫家並漸漸富裕之後，一位煉丹師找上了他，他要求二人合作把普通金屬變成金子。煉丹師告訴魯本斯說世上只有他一人才知道煉金子的祕訣。魯本斯對他說：「可惜，我早在 20 年前就已發現了這個祕密。」說著，魯本斯指著自己的畫具又說：「透過它們我很容易實現這一夢想。」

英國畫家米萊（John Everett Millais）一旦畫起畫來，就全身心投入，不被外界所干擾。他說：「任何一個農夫，不管他有多勞苦，他都沒有我勞累。」他又說：「一個年輕人最應該做的就是工作。天才是可遇而不可求的，但即使是天才，如果不努力工作，也不會做出什麼大成績。我從不建議別人立志當一名藝術家，從前如此，現在、將來也如此。如果一個孩子擁有了藝術家的潛能，那麼他是不用別人去勸導、建議的，他仍然會朝此方向邁進的。但就有很多人問我是否應該培養他們的孩子成為一名畫家，我的回答從來都是否定的。我要提醒他們的是，不管將來成為什麼，都必須從現在、從小腳踏實地做起，不要忽視瑣碎事情，不管它們多麼令人生厭，多麼不值得一做。還

有那就是努力工作。」

《聖經》的譯者馬丁‧路德是一名宗教改革家，他非常推崇一句話：「每天都要完成一些工作。」特納（Joseph Mallord William Turner）也非常贊同這句話。特納的老師約書亞‧雷諾茲（Joshua Reynolds）就常教導特納說：「如果想要超過別人，那就必須時時刻刻努力工作、學習，除此之外，沒有別的，唯艱苦工作。」工作有時確是艱苦的，但在特納看來工作不但是艱苦的，更是美好的。

如果一個人利用智慧為人類造了福、貢獻了力量使國家受益、奉獻了愛心而使鄰里受益，那麼可以說他沒有虛度他的年華。

彼得大帝（Pyotr Pyervyy）是一個英明的君主，他的英明就在於他知道學習，知道努力工作。在王室其他成員還穿著考究的宮廷服裝享樂的時候，彼得大帝就已換下宮廷服裝穿上普通人的衣服去西歐學習先進的生產技術了。在英國，他屈尊進入紙廠、磨房、製表廠以及其他廠與其他工人一樣做事；在荷蘭，他甘願為徒向一位造船師學習。在工作中，彼得注意向那些優秀人物學習，學習他們的先進技術和科學的管理方法。

彼得利用一個月的時間在伊斯提亞鑄鐵廠學會了冶煉金屬的技術，最後一天他鑄造了 18 普特的鐵，他把自己的名字刻在這些鐵上面。隨同彼得周遊的俄國貴族怎麼也沒有想到他們有

朝一日會做上這種工作，但怨言歸怨言，他們最後也不得不在彼得的帶動下拿起了煤鏟、拉動了風箱。在索要報酬時，工頭穆勒付了 18 個金幣給彼得。彼得知道鑄一普特鐵的報酬是 3 個戈比，顯然他的報酬超出他的所得了。彼得對穆勒說：「把多餘的金幣拿回吧！只需給我所應得的報酬就可以啦，這足夠我買一雙新鞋啦，我實在應該換一雙鞋了。」的確，彼得腳上穿的鞋已破爛得不成樣子，幾塊後補的布丁也已磨破。現在在穆勒的伊斯提亞鑄鐵廠還珍藏著當初彼得大帝鑄造的一根鐵棒。匹茲堡的國家珍奇博物館儲存著另外一根。俄國人從彼得大帝身上受到很大啟發：要想出人頭地，要想超越別人，就一定要辛勤工作，努力、努力、再努力，辛勤、辛勤、再辛勤。

如果你自我感覺不錯，自認為一切該得到的東西都會自動到來，那你就要注意了，因為你可能終生一事無成。如果你想挽救自己，那就要立即拋棄這種可悲的想法，而以辛勤的工作代之，你要明白，只有辛勤的勞動才最有可能使你成功，才是最最重要的成功元素。

比徹對勤奮工作的了解很徹底：「在我看來，知識領域中的任何一種藝術流派、任何一件作品，莫不經過創造者多年的辛勤勞作而得以揚名世界。天才離不開勤奮，離開勤奮的天才也長久不了。」

的確，翻開歷史，我們會發現，所有的有著世界影響的業

績和成就無一不是勤奮的結晶，不管是文學作品，還是藝術作品，皆是如此。

戈德史密斯（Oliver Goldsmith）認為一天裡能夠寫出 4 行詩就已經相當了不起了。〈廢棄的農村〉（*The Deserted Village*）這樣一部有影響力的大作品就花費了戈德史密斯多年時間。戈德史密斯認為：「如果一個人養成了持之以恆的寫作習慣，那麼那些零星寫作的作者是無法領略到這個人的思維的縝密程度以及寫作時的熟練程度，永遠都不能，哪怕那些人有著這個人 10 倍的天賦。」

朗費羅（Henry Wadsworth Longfellow）把偉大的詩歌作品比作浮出水面的橋梁，把詩人平時的學習與研究比作沉沒在水中的橋基。他說：「橋梁固然重要，但橋基也是必不可少的，不能因為看不見它，而忽略它的重要性。」

如有可能可看一下那些偉大作品的「初稿」，定會受到啟發，無論是《獨立宣言》，還是朗費羅的〈人生頌〉（*A Psalm of Life*），抑或其他作品，沒有哪一部作品是一下成稿的，都是經過了多次修改和潤色的。拜倫的〈成吉思汗〉前後寫了 100 多遍，只因為拜倫要求精益求精。

古代雅典的雄辯家狄摩西尼（Demosthenes）為了寫成〈斥腓力〉（*Philippica*）用了大量的時間，耗了大量精力；柏拉圖（Plato）對《論共和國》（*De Re Publica*）的要求更嚴謹，光開頭

第一句話就用了 9 種不同的寫法；波普（Alexander Pope）花掉整整一天的時間只為了寫好兩行詩；夏綠蒂‧勃朗特（Charlotte Brontë）用一個小時思索一個適當的詞語；格雷寫一個短篇需要用一個月時間；吉朋（Edward Gibbon）寫《羅馬帝國衰亡史》（*The History of the Decline and Fall of the Roman Empire*）的第一章就寫了 3 遍，而完成這部大塊頭作品則用了 25 年。

安東尼‧特洛勒普（Anthony Trollope）認為一個人說要等到心情好時或是靈感來臨時再工作起來也不遲根本就是自欺欺人。「不經過努力就成功的事真的很不錯」。一次大律師羅費斯‧喬特的一位朋友對他說：「這有什麼可感嘆的。」大律師回應道，「那樣做就猶如把希臘字母撒落地上，撿起來就成了偉大的史詩《伊里亞德》（*Iliad*）而不可信。」

坐等著好事光臨與希望月光變成銀子一樣都屬無稽之談。夢想自然法則會隨你所願那更是痴人說夢話。這些想法是那些不願努力工作的人的水中月、霧中花，也是那些目光短淺人的海市蜃樓。

亞歷山大‧漢米爾頓（Alexander Hamilton）告訴世人：「不要以為是我的天賦成就了我的成功，實際上，是努力工作成就了我。」

丹尼爾‧韋伯斯特（Daniel Webster）在他 70 歲生日之際談起了他的成功：「要說我能有今天這番成績，完全來自於我的努

力，在我能夠工作時日起，我沒有一天不在努力工作。」「我最大的樂趣是在工作中找到的。」已年近 90 歲的格萊斯頓（William Ewart Gladstone）這樣說，「勤奮工作是一種好的習慣，它能使你獲益匪淺。很多很多年輕人把休息看作工作的結束，但在我看來改變工作方式才是最好的休息方式。假如說你長時間看書眼睛已疲勞，腦子昏沉，那就不妨到空氣清新的外面走走，活動一下身體，這樣疲勞就會被你驅跑。實際上，自然的努力一刻也沒有停止過，即便在我們睡覺時，心臟仍在工作。自然的努力一旦真的停止，人也就不可能還存在。無論工作、學習，還是生活，我都盡量順應自然，這樣我擁有了良好的睡眠、飽和的精神狀態，消化也非常良好，這一切皆來自於我的辛勤工作。」

「我認識愛迪生（Thomas Alva Edison）那年他剛好 14 歲，」一位朋友告訴我，「他真是個勤奮的人，他不允許自己虛度每一天。他往往讀書到深夜，他對那些情節曲折的小說和扣人心弦的西部故事表現出了厭煩，他喜歡的是機械、化學以及電學方面的書籍。他不但理論上精通它們，而且也掌握了這些實用技術。對於他來說，工作是最重要的，讀書只能是忙裡偷閒，而睡覺是不得不做的事，可以說，大量的工作加上少量的睡眠構成了他的全部生活。」

愛迪生本人的看法則更有啟迪性：「我興趣最濃的時候是在發明之前，而發明成功之後，我興趣頓失。另外，我發明絕不

是為了求得金錢的回報，對別人也許是這樣，但對我則絕非如此。我最感快樂的時候是在小時候，那時我十分貧窮，只能撿些破舊的設備和簡單的器械進行我的實驗，那時我真的感到幸福快樂。現在，我想要的一切實驗設備都已擁有，而且是最好的，我可以繼續我小時候的夢想，延續我的快樂，現在我的快樂依然來自工作的過程，而絕非經濟上的回報。」

我們得承認有些東西蘊含著永恆的智慧，無論風和日麗，還是雪雨交加，亦或是我們神情不爽、身體不適，我們都得去我們應該去的地方，做早已給我們準備好的我們應該做的工作。而只有我們勞作了 8 到 10 小時，休息才會顯得特別甜美。孩子們必須於 9 點去上課，而且絕對不能分心去想別的事；無論何種情況帳本都要記得清晰明瞭，準確無誤；無論哪個倉庫，都要求貨物和帳本記載完全一致；無論何時，都應該以和藹可親的態度面對孩子和鄰里。不需再一一列舉，道理都是一個，那就是，無論你從事什麼行業，也無論你何時起步，你都必須辛勤肯做，不要說工作簡單乏味，也不要說不富挑戰，正因為你承受這些，你才有可能建立起成功的各種特質，諸如，一心一意、堅忍不拔、面對誘惑不為所動、嚴於律己等等，正是這些品格奠定了你今後的成功。可偏偏有些人鄙視勞作，這些人多是目光短淺、見識淺薄的狂傲之人。在我們看來，最讓人瞧不起的倒是那些自以為是的青年人，他們絕不會在有人的街道上肩扛東西而過。

翻開歷史畫卷，我們會發現，在羅馬最強盛時，羅馬國王是經常勞作於田間的。但是在連一般的工匠和田間辛勤勞作的農夫都變成奴隸後，羅馬帝國卻衰落了。當時最開明的西塞羅（Marcus Tullius Cicero）這樣寫道：「手藝人的工作是不值得一提的，文明的工作不可能在這裡產生。」亞里斯多德（Aristotélēs）也持同樣的觀點：「技術工人做的工作是非常卑微的，根本不值得稱頌，他們只是社會不發達的產物，注定是為人服務。」

雖然這些「知名人士」鄙視辛勤工作以及辛勤勞作的人，但歷史是公正的，歷史的巨輪很輕易地把這些有著短見的國家碾得粉碎。

泰勒總統（John Tyler）卸任後不久，就被他的政敵指派負責維吉尼亞村的公路。泰勒總統愉快地接受了這份工作，他並沒有感到自己受到了汙辱。負責一條公路雖然職責不大，但泰勒總統依然恪盡職守。泰勒總統的政敵們把這看作是對他們人格的汙衊和輕視，他們一致要求泰勒辭職。

泰勒接受這份工作時沒說什麼，可這時他卻說：「我為什麼要辭職，雖然我不拒絕任何工作，但我也不無故辭職。」

以勤奮工作而聞名的還有威靈頓公爵（Arthur Wellesley），他從不允許自己懶散，對於今天應該完成的事從不拖到明天去完成，他更不會把時間花費在無聊和享受上，他只知道學習、工作；工作、學習。

艾利巴羅夫勛爵想在律師界求得發展，但他的處境卻對他極為不利，他沒有選擇退卻，卻知難而上。超強的工作壓力使他喘不過氣來，他咬牙撐住，為了激勵自己，他把一個激人奮發的座右銘貼在自己隨時可以看見的地方，這個座右銘是：要麼讀書，要麼挨餓。

　　德國人喜歡把「如果不用，我就會生鏽」的字眼鑄刻在鑰匙上，旨在警醒自己，這不能不說是一種深刻教導。

財富來自勤奮工作

　　在偌大個宇宙中，只有人才會遊手好閒，才會無所事事，其他所有事物都會按著各自的規律永不停地運轉下去。左拉（Émile Zola）曾說：「工作是世界上最有用、最偉大的法則，只有工作，有機事物才會向各自的目標前進。」工作就是生存的法則，無論哪個地方，一旦停止工作，那它只能退步，最會滅亡。如我們一旦不再使用我們身上的某個器官，那麼這個器官就要退化，漸而失去作用。只有我們正在使用的東西，才具有大自然賦予的活力，而那也是展現我們意志的唯一東西，養成勤奮工作的習慣無異於學會了點石成金的法術。那些做出過不凡業績的人，那些把勤奮工作當成金鑰匙的人，世界正是由於他們的工作而獲得了快速發展。無所事事、遊手好閒足可以使

一個人的萬丈雄心泯於無形，旺盛精力縮成一線，使人們屈從於命運的安排，成為時間的奴隸。

《家常事》（*Pot-Bouille*）說得更不客氣，它把沒對社會做出貢獻的人歸於死人之列，只有那些對社會有價值的人才算真正活著，這樣，有的人 20 歲才算出生，有的 30 歲才算出生，而有的人六七十歲才算出生，更有甚者，有的人在世上走一遭，卻從沒真正活過。在埃米爾‧左拉的小說裡，有兩個洗衣女工的一段對話很有意思，這兩個女工同是巴黎一家洗衣店女工。一天她們談論的話題是假如擁有 10,000 法郎的話，她們準備怎樣。這兩個女工的回答驚人地一致，那就是什麼也不做了，回家待著。這不能不叫人悲嘆，這也許是她們永遠是洗衣工的原因吧！

卡萊爾（Thomas Carlyle）認為：工作是有著莫大神聖性的，而且這種神聖性無以言表。他說：「工作著的人是最有幸福感的，因為他已經找到了能令自己和別人快樂的方法，他會一直堅持做下去。這就像一條從苦澀貧瘠開鑿出的一條運河，不顧前方有多少險阻，它都會堅定不移地向前奔流，蕩盡草根底的苦鹹的鹽鹼水，把蚊蟲肆虐的沼澤地還原成碧草青青的綠地。我始終把工作看成我的全部生活，工作中的知識才算真正的知識，才算有價值的知識，其餘的知識都不算真正有價值的知識。」「那些早上 7 點起床的人是會獲得上帝青睞的。」華特‧司

各特（Walter Scott）寫道，「如果我早上 7 點還賴在床上，那我將會一事無成。正由於我養成了早起的習慣，我才得以有時間寫我的文章。」司各特的朋友們對於司各特能做出那麼多成績表現出了極大興趣，其實，他們不曾想到，還在他們甜美地做著夢的時候，司各特正在筆耕不輟。

工作可以產生許多奇蹟，它可以擦亮人的眼睛，強健人的肌體，增添面頰的紅潤；它還可以使頭腦更敏銳，使思想更集中，使腳步更矯健。工作可以奇蹟般地治癒多種身心疾病，工作的人才是最健康的人。

工作在三個方面使我們受益：一是使我們得以有價值地生存於這個世界上；二是能使我們的夢想成真；三是幫助我們成為自己心靈深處的藝術家，所以說勤勉工作最能展現人生價值，勤勉工作的人最幸福。

羅斯金把一個年輕人有沒有前途、有沒有出息的衡量標準總結為一句話，那就是：他努力工作嗎？這是個前提條件，如果連這一點都做不到，那其他一切免談。

勤奮造就天才

「天才就是指能夠做到把全部身心都投入到工作中的人，僅此而已。」這是英國畫家雷諾茲對天才的理解。「天才努力工作

嗎？」這是羅斯金在聽到年輕人嘖嘖讚嘆天才時而經常問年輕人的一句話。羅斯金特別強調「努力工作」與「敷衍行事」之間的重大差別。事實上，對「天才」含義曲解的人中，多半不會把天才取得的成功歸結於他們的辛勤工作。

現在有一種觀點很流行，那就是努力工作與出色能力是互相矛盾的，天才是不需要辛勤與苦幹的。這是個極為愚蠢的想法，但是正是這種愚蠢的思想卻使許多可以開創出一番事業的人最終平平庸庸過一生。好多年輕人認為，天才天生就是能夠做出一番壯舉的人，根本不需要付出多大的努力。因此，他們只要認為自己天生智慧超群，就會在周圍的人中擺出一副鶴立雞群的樣子，就拒絕努力，幻想有朝一日，自己只要想要出人頭地，那時稍作努力，便可功成名就。有時，他們為生活所迫，不得已努力了一次，但只要境況有所改善，他們就會重新幻想起來，不再努力工作。他們認為，天才天生就不被那些「陳規陋習」所限制，因此，他們表現出對所有規則和法則的深惡痛絕，他們看不起辛勤勞動的人，他們自認高人一等。他們認為只要願意，他們隨時都可以成為偉人。

偶爾寫出了一篇文詞優美、構思巧妙的文章，畫了一幅給人美感的圖畫，做了一次很是精彩感人的演講，或者是做了一次漂亮的買賣，人們都會對此津津樂道，只要他不再犯下什麼大錯，人們漸漸會把他渲染成一個天才，而他自己也漸漸覺得

自己的確是個天才，他的雄心更加高昂，他相信自己一定能夠在一個適宜的時機下，一躍成為有著重大影響的人物。他失去了對辛勤工作的耐心，也失去了正確對待事情的態度，他焦急地等著能夠展現他天賦的機會。

試想一下，如果艾略特（George Eliot）不付出長年累月辛勤努力，熟思深練，那她的名作《亞當‧柏德》（Adam Bede）何以能夠面世。德國詩人席勒（Egon Schiele）說自己「辛勤一生，令自己滿意的作品卻沒有。」義大利詩人但丁（Dante Alighieri）說他在創作《神曲》（Divine Comedy）時，每日都能感覺到自己在漸漸消瘦。

英國小說家特洛勒普說：「如果把寫作的出發點定為賺錢而非責任，那麼即便他是個極有寫作天賦的人，並強迫自己每天寫出 2,000 字，那他也斷不會寫出一部有影響的作品。」有一段話對特洛勒普的寫作有著很大的影響，後來特洛勒普把這段話轉給了羅伯特‧布坎南（Robert Buchanan）。這段話是這樣的：「如果你想寫出有影響的作品，那你必須在你坐下來寫作前在你的椅子上塗上鞋匠用的黏膠，這樣你才能夠達到心願。」卡內基就是個勤奮的人，他工作起來是不分白天黑夜的，常常連軸轉，有時甚至連吃飯和睡覺的時間都沒有，他知道，在有些人眼裡，這種生活方式是不堪忍受的，但是要知道，要想做出一番成績，這些付出卻是必不可少的。他是個對寫作充滿激情

的人，他可以連續寫上十幾個小時不停筆，他也承認這樣的工作的確枯燥乏味，但也並非完全如此。寫作使他的精神獲得滿足，寫作能力得以最大限度的發揮。另外，正因為他全身心地投入到此項工作中，他才會取得不凡的成績。欲從事寫作的人一定要有這個認知，寫作是個苦差事，要有坐十年冷板凳的精神，要充分意識到成功來自於一次次失敗後的不懈努力、辛勤耕耘。

「偉大作品的產生離不開靈感，但要實現靈感到作品的轉化則只能依靠辛勤的工作。」法國道德學家儒貝爾（Joseph Joubert）如是說。

一位雖富有才華、但不肯踏踏實實工作的畫家指著一幅名作嚷道：「如果我能夠把我的夢想畫到畫布上，它同樣會是一幅名作！」「好啦！不要再做這種白日夢了，名畫不是用嘴說出來的，它需要長期艱苦磨練。」他的老師大聲回敬了他。

德國作家歌德（Johann Wolfgang von Goethe）說：「要想成為如拉斐爾一樣的大家，只有勤學苦練、堅持不懈才有可能。那些稍取得成績便沾沾自喜，而停止奮鬥的人要想成名，簡直是痴心妄想。」

「要想取得成功，就只有付出艱辛的努力，除此以外，沒有別的途徑。」這是英藉荷蘭著名畫家阿爾瑪－塔德瑪（Sir Lawrence Alma-Tadema）總結出來的成功理論。

牛頓（Isaac Newton）是這樣看待勤奮的：「如果硬要說我對人類有所貢獻的話，那麼，這些成績的取得主要來自於我的勤奮工作和深入思考。」

各個領域的傑出人士所取得的榮譽、名氣以及地位，均是他們犧牲自己的寶貴時間和辛勤工作的結果。他們中一些人經歷了無數次失敗的打擊，體驗了種種傷感情緒，終於迎來了成功。那些作家、詩人、政治家、音樂家，以及其他各界的卓越人物，無不是經過了自身的艱苦努力，十年磨一劍，才有了一次又一次的輝煌。

我們強調勤奮造就天才，並不等於說，沒有一點點天賦或者缺乏必要的基礎，僅僅依靠勤奮就可以成為天才，這是不能完全等同的。但是，它不是說只有很好天賦或者基礎很好的人才有可能取得成功，那些智力平常的人，只要掌握了正確的學習方法、必要的技巧，再加上辛勤的努力，也同樣能夠取得成功。

實際上，天賦遠沒有準確的判斷和執著的精神更重要。事實證明，那些靠天賦取得的成績，完全可以透過勤奮獲得，但那些靠勤奮取得的成績靠天賦就未必能夠獲取，靠些小聰明、投機取巧想要獲取成功，則更是不可能。英國歷史學家克拉倫登說：「世上還沒有一門靠認真鑽研、刻苦學習而無法掌握的學科。」

一位學者說：「與那些反反覆覆、不肯下苦功鑽研的天才人物相比，那些普普通通，卻肯埋頭苦幹、堅持不懈的人更值得稱頌。」

約瑟夫‧庫克（Joseph Cooke）說：「稍有些天賦又肯辛勤鑽研的普通人，往往能夠比天才取得更多、更大的成績。」天賦如果失去了準確的判斷力、周密的邏輯分析能力、必要的基礎和辛勤工作的支持，那它就不會發揮出它應有的作用。生活中不是有很多天資聰明卻懶於奮鬥，只圖享受，最終一生碌碌無為、平平庸庸的天才嗎？年輕人要記住，勤能補拙，一分汗水一分收穫。

在許多老師眼裡，那些聰明的學生才最有可能成為最有出息的人，而那些深負老師厚望的聰明學生也常常覺得高人一等，對那些整天埋頭苦學的同學不屑一顧。許多年後，這些聰明學生大多失去了往日的自鳴得意，因為他們的境況不允許他們還持有上學時的優越感，相反，那些勤奮學習的學生如今卻個個取得了不菲的成績。造成這種差別的主要原因就是聰明學生不肯付出辛勤的勞動，依靠耍些小聰明而夢想成功，結果自然會落敗，而些資質平常的人，依靠自身的勤奮，一步一個腳印，堅持不懈終於迎來了成功。「有一種生活態度，為那些虛度光陰、見識淺薄和自命不凡的人所摒棄。」雷諾茲說，「但我卻是它的堅定信徒，這種態度就是：如果你有很好的天賦，勤奮

會讓它綻放出熠熠光彩；如果你資質平庸，勤奮也定會彌補不足，讓它也綻放異彩；如果目標適宜，方法得當，勤奮定會讓你心想事成，總之，只要有了勤奮，你就有了一切。」

無論你有多羨慕那些英雄人物，也無論你有多嫉妒他們的卓越才能，你都不要忘記，一腔熱血和豐富的想像力並不能使你成為莎士比亞。只有勤奮學習和認真鑽研才能使你的夢想成為現實，正像莎士比亞所說的：「你所要渴求的應是堅強的意志，而不是天賦。」

工作為生活的準則之一

有一個古希臘人心腸很好，他見到蜜蜂一朵花一朵花採粉釀蜜很是辛苦，就想幫助蜜蜂一下，他費了半天工夫採來了各種花，然後捉來蜜蜂，並把蜜蜂的翅膀剪掉，放在花上，但是蜜蜂最終也沒釀出一點蜜來，原因在於這種作法違反了自然界法則。一朵花一朵花辛苦採粉釀蜜是蜜蜂工作的自然法則。

「人一生於世，做事就要以全部身心之力。」羅斯金如是說。

菲利普斯·布魯克斯是這樣看待生活的：「生活在一個人眼中就是他知道自己該做些什麼。」不要誤解菲利普斯·布魯克斯的意思，他的意思並不是說：只有工作到身心疲憊，品嘗了酸甜苦辣才叫生活。

　　工作是能夠讓人體會到快樂的，即使是那種最讓人感到卑微的工作，也會如此。生活中，每個人都免不了受一些不良情緒的侵擾，諸如，自卑、失望、痛苦等等，但如果能做到在那時把精力都集中於工作上，這些不良情緒的侵擾就會減輕，甚至消失。在工作中，人會變得堅強起來，這種精神不但可以激勵自己，而且還可以感染、溫暖周圍的人。

　　「有一條生活準則是每個人必須遵守的，」英國哲學家約翰·密爾（John Stuart Mill）說，「不管是最有成就的道德家，還是最為平凡的普通人，都無一例外要遵守這一生活準則。這條生活準則就是：在進行了各種嘗試後，每個人都找到適合自己的工作，然後就要集中精力全身心投入到工作中去。」

　　每一個有勞動能力的人都應該恪盡職守辛勤工作，生活的大門是不會為那些遊手好閒、無所事事的人開放的，要想生活品質高，就必須要工作。

　　如果一個人能夠做到全力以赴地去工作，那麼即便他智力不高，水準一般，也同樣可以取得一番成績。儘管他先前也許不那麼令人喜歡，但也會因此獲得人們的好感。

　　有一句話說得很好，獎勵不是比賽的最終目的，參與才是最重要的。

　　奧運的優勝者會獲得一個漂亮的花環，這種精神獎勵遠要比運動員獲得的物質獎勵貴重得多，它會使運動員的精神獲得

極大的滿足。工作對於我們來說有同樣的效果，不管我們的工作有多體面，薪酬有多豐厚，但與我們在工作中獲得的快樂和滿足相比都是微不足道的，那份快樂和滿足才最讓人回味。

愛默生說：「回報是緊跟著勤奮工作後面的，人們往往把在生活中應盡的職責當成一件單調至極的事。」詩人朗費羅說，「但是它發揮著至關重要的作用，它的作用猶如時鐘錶的發條一樣，只有發條正常工作，鐘擺才能夠來回擺動，指標也才能指示正確時間，一旦發條停止工作，時鐘也就失去了它應有的價值。」

英國政界要人布魯厄姆勛爵（Henry Brougham）認為，努力工作對一個人的健康生活非常重要，不但可以讓人保持健康的心靈，而且還可以強健身體。他說，當他晚上回想一天的生活時，如果發現自己一天都沒有好好工作，就非常懊悔，他認為這是在浪費生命。

工作可以塑造一個人的形象，可以使你的身體更強健，精神更高昂；工作可以使你的思維更敏捷，邏輯更嚴密；工作還可以喚醒你沉睡內心的強大創造力，激發你的創業熱情，總之，工作將使你學有所成，有所創造，在工作中，你的尊嚴和偉大之處將會顯現，你才會成為一個受人敬重的人。

你當然可以把你的萬貫家財留給你的兒子，但這又有什麼意義呢？你不可能做到把你的經驗、知識、閱歷隨著這萬貫家

財一起傳給他；也不可能把你取得成功時的快樂、滿足和克服困難時的體驗傳給他；你更不可能把你把才能轉為財富的方法、技巧強輸給他，萬貫家財雖然很有誘惑，但這些品格要遠比這些萬貫家財要有用得多。你在累積這些鉅額財富中，鍛鍊了意志，增加了見識，也增加了才幹，因此，財富對於你來說，是見識、是才幹、是經驗、是教訓、是意志，而對你的兒子來說，財富則是誘惑，可能會磨損他的意志，降低他的人格。財富在你手中，你能把它變成一座更大的金礦，而在你兒子手中，則有可能是個大包袱。財富可以激勵你積極進取、奮力打拚，但財富卻可能讓你的兒子好逸惡勞、遊手好閒、恣意享樂。所以你把萬貫家財留給你的兒子的同時，有可能把一些優良品格從他身上取走了，而這些優良品格才是你真正應該讓你兒子擁有的。

你天真地以為，你的後人會在你犧牲自己成全他的基礎上繼續奮勇前進，創造更為美好的明天，豈不知，這只是你一廂情願的想法，你給予他的並不是最好的基礎、最佳的機會，而是一個容他墮落的廣闊空間。你把他的受教育的機會、完善自我的機會以及工作的機會完全剝奪了。失去了這些寶貴的東西，任何一個人都不會得到真正的快樂，優良的品格也無從建立起來，最終定會墮落成一個不思進取、只知享樂的紈褲子弟。其實，在教育孩子時，最重要的是要告誡孩子要養成勤奮

工作的習慣，這才對他最為重要。

運動員要想取得好成績，只有勤學苦練，正所謂「養兵千日，用兵一時」，如果軍隊平時不勤學苦練，那麼一旦戰爭來臨，士兵和指揮員都驚慌失措，豈能不打敗仗，生活中也同樣如此。

迪恩·法拉說：「工作是一份人人都享有的權利，它可以醫治心靈創傷和精神疾病。自然界中下列現象經常見到：一潭不流動的水不久就會變臭，而一支細小的流動溪流卻清澈見底。如果缺少了風雨雷電、陰晴圓缺，世界就未免顯得太單調。如果一個地方長年四季如春、溫度適宜，人們工作舒心，生活得舒服愜意，那麼長久下去，人必定會覺得生活乏味，漸而心生厭倦。相反，那些整日東奔西走、努力工作、堅持奮鬥的人卻精神出奇的好，他們的潛力得到最大限度的發揮，他們自己也感到快樂。」

金斯利說：「不管你願不願意，很多時候，在每天早晨醒來後，你都要強迫自己起來，開始一天的工作，並要努力做好，而那些賴在床上不起的懶漢，將無疑會失去這次鍛鍊的機會。」

我們人類得以繁衍生息，除了依靠勤奮工作外，別無它途。勤奮工作讓貧窮的人開始了嶄新的生活，使千百萬人看到了生活希望，特別是那些精神不正常企圖自殺的人，也由此重新踏上了生活之路。

「是工作挽救了我。」馬齊奧教授說，「我曾經陷入沮喪的境地難以自拔，每一次都是長期養成的工作習慣把我解救出來。即使我對生活充滿了絕望，我也能夠保證不會倒下，在我看來，學術研究工作本身就充滿了樂趣，因此，在解決政治、社會、宗教方面問題時，即使累得我筋疲力盡，我也樂在其中。」

古希臘醫生加倫（Claudius Galenus）把勞動比喻成人體的天然保健醫生。「勤奮工作是修復人體創傷的最佳良藥」。美國小說家馬修斯說，「無論是生理疾病，還是心理疾病，都可以透過勤奮工作得到補償。但是，人們只把關注的目光投向那些熱門的行業和要職，而不願意再投身於那些磨練身心的艱苦工作。實際上，艱苦的工作是最好的對付倦怠、憂鬱、懶散、萎靡的武器，是啊，沒有一個勤奮工作、精力旺盛的人整日帶著懶散、愁苦的面容。士氣旺盛、渴望投身戰場的士兵是無視於一個小傷口存在的。優秀的演說家也絕不會因為身上的小小毛病而影響他出色的演說。這是因為，當你的精神高度集中於一點時，其他不良情緒就很難侵襲你，相反，那些懶散、心靈空虛的人，因為其精神倦怠，那些自卑、空虛、憂傷、絕望等等負面情緒就會趁機而入，占據空虛的心靈，整個人也就隨之消沉下去。」

俾斯麥（Otto von Bismarck）更是把勤奮工作看成是一個人的生活保護神，他用了工作兩個字，高度概括了生活準則的核

心。他說，人如果不工作，就會變得空虛、消沉，生命也就毫無樂趣可言，他送了三個詞給剛剛踏入生活門檻的年輕人，這三個詞是：工作！工作！工作！

「勞動永遠是一切美的泉源。」卡萊爾（Thomas Carlyle）說，「沒有辛勤的勞動，一切創造都是空中樓閣，一切的夢想都是海市蜃樓。懶散、倦殆、遊手好閒，就像傳染病一樣很快會蔓延開來，使人類的靈魂無以依託。」

一位智者說：「人類所有的疾病，無論是生理上的，還是心理上的，都可以透過勤奮工作來醫治。勤奮工作的人，心中充滿希望，不會茫然，而那些遊手好閒、無所事事的人缺乏生活熱情，他們內心只會有空虛和絕望。」「腦力勞動也好，體力勞動也好，都是十分光榮和神聖的，其品性要高於天，寬於地。」「世上只有兩種人讓我欽佩，一種人是那些默默無聞，只知埋頭苦幹的勞動者。他們日復一日，年復一年地親躬親為，不辭勞苦，在令人感動的勞作中，他們的尊嚴得到了展現，特別是那些從事重體力的勞動者，更叫人佩服。另一種叫我欽佩的人是那些為人類創造精神財富而不懈追求的人。他們的勞作雖然沒有直接給人類帶來物質財富，但卻提高了生命的品質。我只欽佩這兩種人，這兩種人用他們的勞動換來了自己內心的滿足和愉悅，除了這兩種人，其他人都是對社會毫無意義的人。」

有熱忱地工作才能創造佳績

與其說成功取決於個人的才能，不如說成功取決於個人的熱忱。這個世界為那些具有真正的使命感和自信心的人大開綠燈，到生命終結的時候，他們依然熱情不減。無論出現什麼困難，無論前途看起來多麼的黯淡，他們總是相信自己能夠把心目中的理想圖景變成現實。

我們欣賞對工作滿腔熱情的人。熱忱可以與大家分享，它是一項分給別人之後反而會不斷增加的資產。你付出的越多，得到的也會越多。生命中最好的獎勵並不是來自財富的累積，而是由熱忱帶來的精神上的滿足。

當你興致勃勃地工作，並努力使自己的老闆和顧客滿意時，你所獲得的利益就會增加、在你的言行中加入熱忱，就能吸引身邊所有的人。誠實、能幹、友善、忠於職守、純樸 —— 所有這些特徵，對準備在事業上有所作為的年輕人來說，都是不可缺少的，但是更不可或缺的是熱忱 —— 將奮鬥、打拚看作是人生的快樂和榮耀。

發明家、藝術家、音樂家、詩人、作家、英雄、人類文明的先行者、大企業的創造者 —— 無論他們來自什麼種族、什麼地區，無論在什麼時代 —— 那些引導著人類從野蠻社會走向文明的人們，無不是充滿熱忱的人。

如果你無法使自己的全部身心都投入到工作中去，無論你做什麼工作，都可能淪為平庸之輩。你無法在人類歷史上留下任何印記；做事馬馬虎虎，只有在平平淡淡中了卻此生。如果是這樣，你的人生結局將和千百萬的平庸之輩一樣。

熱忱是工作的靈魂，甚至就是生活本身。年輕人如果不能從每天的工作中上找到樂趣，僅僅是因為要生存才不得不從事工作，僅僅是為了生存才不得不完成職責，這樣的人注定是要失敗的。

當年輕人以這種狀態來工作時，他們一定犯了某種錯誤，或者錯誤地選擇了人生的奮鬥目標，使他們在天性所不適合的職業上艱難跋涉，白白地浪費了精力。他們需要某種內在力量的覺醒，應當被告知，這個世界需要他們做最好的工作。我們應當根據自己的興趣把各自的才智發揮出來，根據各人的能力，使它增至原來的 10 倍、20 倍、100 倍。

從來沒有什麼時候像今天這樣，為滿腔熱情的年輕人提供了如此多的機會！這是一個年輕人的時代，世界讓年輕人成為真與美的闡釋者。大自然的祕密，就要由那些準備把生命奉獻給工作的人、那些熱情洋溢地生活的人來揭開。各種新興的事物，等待著那些熱忱而且有耐心的人去開發。各行各業，人類活動的每一個領域，都在呼喚著滿懷熱忱的工作者。

熱忱是戰勝所有困難的強大力量，它使你保持清醒，使全

身所有的神經都處於興奮狀態，去進行你內心渴望的事；它不能容忍任何有礙於實現既定目標的干擾。

著名音樂家韓德爾（George Frideric Handel）年幼時，家人不准他去碰樂器，不讓他去上學，哪怕是學習一個音符，怕沉迷音樂耽誤他別的學業。

但這一切又有什麼用呢？他在半夜裡悄悄地跑到祕密的閣樓裡去彈鋼琴。

莫札特孩提時，成天要做大量的苦工，但是到了晚上他就偷偷地去教堂聆聽風琴演奏，將他的全部身心都融入到音樂之中。巴哈（Johann Sebastian Bach）年幼時只能在月光底下抄寫學習的東西，連點一根蠟燭的要求也被蠻橫地拒絕了。當那些手抄的數據被沒收後，他依然沒有灰心喪氣。同樣地，皮鞭和責罵反而使兒童時代充滿熱忱的奧利‧布林更專注地投入到他的小提琴曲中去。

沒有熱忱，軍隊就無法打勝仗，雕塑就不會栩栩如生，音樂就不會如此動人，人類就沒有駕馭自然的力量，給人們留下深刻印象的雄偉建築就不會拔地而起，詩歌就不能打動人的心靈，這個世界上也就不會有慷慨無私的愛。

熱忱使人們拔劍而出，為自由而戰；熱忱使大膽的樵夫舉起斧頭，開拓出人類文明的道路；熱忱使彌爾頓和莎士比亞拿起了筆，在樹葉上記下他們燃燒著的思想。

「偉大的創造，」博伊爾（Willard Sterling Boyle）說，「離開了熱忱是無法做出的。這也正是一切偉大事物激勵人心之處。離開了熱忱，任何人都算不了什麼；而有了熱忱，任何人都不可以小覷。」

熱忱，是所有偉大成就的取得過程中最具有活力的因素。它融入了每一項發明、每一幅書畫。每一尊雕塑、每一首偉大的詩、每一部讓世人驚嘆的小說或文章當中。它是一種精神的力量。在那些為個人的感官享受所支配的人身上，你是不會發現這種熱忱的。它的本質就是一種積極向上的力量。

最好的勞動成果總是由頭腦聰明並具有工作熱情的人完成的。在一家大公司裡，那些吊兒郎當的老職員們嘲笑一位年輕同事的工作熱情，因為這個職位低下的年輕人做了許多自己職責範圍以外的工作。然而不久這位年輕人就被從所有的雇員中挑選出來，當上了部門經理，進入了公司的管理層，令那些嘲笑他的人瞪目結舌。

熱忱，使我們的決心更堅定；熱忱，使我們的意志更堅強。它給予思想力量，促使我們立刻行動，直到把可能變成現實。不要畏懼熱忱，如果有人願意以半憐憫半輕視的語調把你稱為狂熱分子，那麼就讓他這麼說吧。

如果在你看來值得為一件事情付出，如果那是對你努力的一種挑戰，那麼，就把你能夠發揮的全部熱忱都投入到其中去

吧，至於那些指手畫腳的議論，則大可不必理會。笑到最後的人，才笑得最好。成就最多的，從來不是那些半途而廢、冷嘲熱諷、猶豫不決、膽小怕事的人。

對你所做的工作，要充分意識到它的價值和重要性，它對這個世界來說是不可或缺的。全身心地投入到你的工作中去，把它當作你特殊的使命，把這種信念深深植根於你的頭腦之中！

立即行動，勿待明天

即刻動手做吧！這句話是一個最驚人的發動器。任何時候，當你感到推脫的惡習正悄悄地向你靠近，或者當此惡習已迅速纏上你，使你動彈不得時，你都需要用這句話提醒自己。

總有很多事情需要去做，如果你正受到怠惰的箝制，那麼不妨就從碰見的任何一件事著手。是什麼事並不重要，重要的是，你突破了無所事事的惡習。從另一個角度來說，如果你想規避某項雜務，那麼你就應該從這項雜務著手，立即進行。否則，事情還是會不斷地困擾你，使你覺得繁瑣無趣而不願意動手。

當你養成「即刻就動手做」的工作習慣時，你就掌握了個人進取的精義。

你工作的能力加上你工作的態度，決定你的報酬和職務。

那些工作效率高、做事多，並且樂此不疲的人，往往擔任公司最重要的職務。當你下定決心永遠以積極的心態做事時，你就朝自己的遠大前程邁出了重要的一步。

如果將成功者的成功僅僅歸功於深思熟慮的能力和高瞻遠矚的思想，那就失之片面了。他們真正的才能在於他們審時度勢後付諸行動的速度，這才是他們最了不起的，這才是他們出類拔萃、居於實業界最高、最好職位的原因。

什麼事一旦決定馬上就付諸實施是他們共同的本質，「現在就做，馬上行動」是他們的口頭禪。

我們正處在一個講究效率的時代，在瞬息萬變的現代社會中，存在著很多不確定因素，稍有遲疑，就可能使原來非常傑出的構思，在片刻之間變得一文不值。因此，今天所想的好主意今天就得實行。

與立即行動相反的是「拖延」。大多數人或多或少存在拖延的習慣，想得好好的事，就是遲遲不能付諸實行。「等明天」、「等合適的時候」、「等條件具備才幹」、「等找到工作」、「等結婚」、「等小孩子長大」、「等退休」……這樣等下去，最後可想而知，結果是「等到下輩子吧」。

拖延是行動的死敵，也是成功的死敵。拖延使我們所有的美好理想變成真正的幻想，拖延令我們丟失今天而永遠生活在「明天」的空想等待之中，拖延的惡性循環使我們養成懶惰的習

性、猶豫矛盾的心態。這些就使我們成為永遠只知抱怨嘆息的落伍者、失敗者、潦倒者。

成功學創始人拿破崙‧希爾（Oliver Napoleon Hill）說：「生活如同一盤棋，你的對手是時間，假如你行動前猶豫不決，你將因時間過長而痛失這盤棋，你的對手是不容許你猶豫不決的！」拖延是這樣的可惡，然而卻又這樣的普遍，原因在哪裡？

成功素養不足、自信不足、心態消極、目標不明確、計畫不具體、策略方法不夠多、知識不足、過於追求十全十美。

如果知道了自己拖延毛病的真正所在，那麼你也就找到了解決拖延習慣的具體方法，按照本書的提示，立即去提升自己的成功素養，缺什麼，補什麼。

以下是克服拖延、立即行動的對策探討：

1. 增強自信心。立即將要做的事做個規劃安排，能馬上做的就馬上做，不能馬上做的，定下明確具體的時間。

2. 增強規劃自己的能力。每天檢查自己的得失，做出第二天的行動計畫。

3. 提升策略水準，多想辦法和計謀。比如將繁雜的工作適當分解為許多小的行動步驟，一次做一點。

4. 限時完成任務，給自己一定的激勵和約束。

5. 破釜沉舟，自斷退路，自我逼上梁山，阻斷藉口。

6. 尋求幫助，找合作夥伴或取得別人的支持。

7. 不要追求十全十美。

下列是幾種克服拖延的實用小技巧，很有參考價值。

1·分類找原因技巧

是什麼原因使我無法做某項工作？寡斷？害羞？無聊？無知？散漫？恐懼？疲倦？無法忍受不愉快？缺乏必備的工具？一字一句具體指出拖延某事的原因，區分類別。如能正確地認清問題，則解決方法就會變得相當明確。如原因是資訊不足，則可以開始尋找必需的數據。

2·大臟腸切片技巧

如果工作相當艱鉅，則稍稍暫緩，拿出紙來做思考，記下完成工作的所需步驟，步驟的幅度愈小愈好，即使它們只需花費一到兩分鐘，也須分別記下。

這個艱鉅的工作就像一條未被切割的大臟腸，龐大、皮厚、油膩，難以入口，但若切為薄片，則相當引人垂涎。將艱鉅的工作分開看待，即是每個小小的即時工作單位，就像可以馬上享用的臟腸片，而非整條臟腸。

3·引導式工作

假設想拖延寫信，不要試著去強迫自己（因為已經試過，且沒有效果），只要採取一小步驟，當做完此步驟，便可以決定是

否要繼續去寫信。這步驟可能是看看信的地址，或將紙轉入打字機，或取下紙來，或寫下想提出的要點。任何事皆可，只要是明顯的身體行為。這是打破內心困頓的方式，其理論基於：事物靜止時依舊是靜止著，運動時依舊是運動著。

4‧5 分鐘計畫

　　有些工作難以分割成小塊，如想清理積壓如山的公文，大約需要一小時，實在很難將它簡單分割成「即時工作」。這時，可試試 5 分鐘計畫，和自己做個約定，允諾以 5 分鐘做這工作，時間一到，便可自由去做想做的事，或是繼續 5 分鐘。不管工作多麼令人厭煩，仍須常常去做 5 分鐘。5 分鐘後，若不想接著繼續做，則不要做，約定就是約定。在將工作撇開之前，記下另一個 5 分鐘工作的時間。

　　5 分鐘的時限，無論多討厭的工作也變得不那麼討厭，而且常常有種可炫耀小成就的驕傲感。

　　此外還有記日記、和自己對話、利用錄音機和自己對話、讓信得過的親朋好友固定時間督促檢查你的工作等等方法來克服拖延。

　　如果你想規避某項雜務，那麼你就應該從這項雜務著手，立即進行，否則，事情還是會不斷地困擾你，使你覺得煩瑣無趣而不願意動手。

忙碌的人不肯拖延，他們覺得生活正如萊特所形容的那樣：
「騎著一輛腳踏車，不是保持平衡向前進，就是翻覆在地。」效
率高的人往往有限時完成工作的觀念，他們確定做每件事所需
的時間，並且強迫自己在預期內完成。即使你的工作並沒有嚴
格的時間限制，也應該經常訓練自己。當你發現自己能在短時
間內做更多的事情時，一定會驚訝不已！

　　如果你希望一件事能快速而圓滿地完成，那麼請交給那些
勤奮而忙碌的人吧。那些懶散的人，他們精於濫竽充數和偷
工減料，大多數人並不了解自己處理事情的真正能力。他們不
肯迎接每天的挑戰來激發自己最大的潛能。人們都知道，面對
一件自己感興趣的事情，無論多麼繁忙都能空出時間去做。但
是，面對那些無趣的工作，我們總是輕易推脫，甚至有意無意
遺忘。

　　不論做什麼事，成功的關鍵在於我們行動之前對自己有什
麼樣的期望，定什麼樣的目標。你應該懂得，你用什麼標準衡
量自己，別人就會用什麼樣的標準來評估你。愛默生說：「緊緊
追蹤四輪車到星球上去，要比在泥濘道上追蹤蝸牛行跡更容易
達到自己的目標！」

　　人生要想成功，就要一點一滴地奠定基礎。先給自己設定
一個切實可行的目標，確實達到之後，再邁向更高的目標。

全力以赴，創造奇蹟

世界上許多成就大事者都是一些資質平平的人，而不是那些技藝超群、睿智的人，怎樣解釋這種現象呢？我們經常可以見到一些年輕人取得遠超於他們實際水準的成就。這令很多人感到費解，為什麼那些不如我們聰慧，在學校裡排名靠後的學生卻取得了巨大的成功，在人生的旅途上把我們遠遠地拋在了後面？其中的一些人儘管在學校裡受人輕視，但是，他們後來卻能專心涉足一個領域，潛心鑽研，最終取得了成功。雖然他們才智平平，但他們注意點滴累積，為達目標全力以赴，而那些所謂才智超群、多才多藝的人卻仍在四處涉獵，毫無目標，最終一事無成。

許多人深知自己天資不足，這種自知之明推動著他們在最大限度地開發利用自己潛能的同時更加重視後天的學習和補充。他們決心讓父母和老師刮目相看，徹底改變自己在他們心中的壞形象 —— 一個不聰明的孩子。雖然他們的智力不如自己那些聰明的兄弟們，但是他們下定決心要證明自己並非一無是處。

深知自己才能的有限，所以他不奢求像全才那樣十八般武藝樣樣精通，只是選一項最適合自己發展的才能，然後奮發圖強，充分利用這項才能。這樣他比那些多才多藝的人更容易專

心致志。他不用常常想著還要去做好其他的事，他只知道，要想改變命運，就必須一心一意發展某一專項才能。

人們常說，天才、運氣、機會、智慧和態度是成功的重要條件。的確，除了機會和運氣外，其他因素在人生的征程中都起著重要作用。但是，具備了一些或所有條件，並不等於就一定能成功，還要有一個明確的目標。不知你有沒有發現，那些取得偉大成就的人都有著一個共同的特徵，那就是目標明確、堅持不懈、不畏艱難、不達目的絕不罷休的精神。

一個天資聰穎的孩子，無論他是否是大學裡的高才生，也無論他比社區裡的同齡人多麼出眾，如果他不具備不屈不撓的精神，那他就永遠也不會成功。許多人都因為缺少這種品格而令關心他們的人失望，人們原本期望他們會成為藝術家、音樂家、作家、律師或者著名醫生，但是他們沒有做到。

堅持就是勝利。人們總是相信堅忍不拔、意志堅定的人。無論他們做什麼事情，剛開始做時人們就知道，他們一定會贏。因為每一個了解他們的人都知道，他們一定會堅持到底的。人們知道他是一個勇往直前的人；是一個能夠從哪跌倒就能從哪爬起來的人；是一個能夠虛心接受意見的人；他永遠堅持自己的目標，永不偏航，無論面對多麼惡劣的情況他都能鎮定自若。

對於格蘭特將軍（Ulysses S. Grant）做出的決定，誰也別想

讓他有絲毫的動搖，任何力量都無法阻止他的行動。他的眼裡只有一個目標：取得勝利。至於取得勝利需要多長時間，要經歷怎樣的艱難困苦，對於他來說都是小問題。他說：「即使花去整個夏天的時間也要攻下那條戰線。」他就是這樣一個意志堅定、不屈不撓的人。

與格蘭特不同，威靈頓關心的問題並非取得勝利，而是怎樣前進，向著目標爭取一絲一毫的進步。為達目的，哪怕前方是刀山火海，他也會毅然前行。

在美國歷史上，像平凡者成功和天才失敗的例子不在少數，究其原因，主要在於那些看似愚鈍的人有一種頑強的毅力，一種在任何情況下都毫不動搖的決心，一種不受外界事物影響，不偏離自己目標的能力。而那些所謂天才、自命聰明的人往往沒有一個明確的目標，東一下西一下，什麼都想做，又什麼都不想做，結果白白耗費了精力，浪費了他們的才華，到頭來依舊成績平平。

你成功與否，主要取決於你的個性、獨立性、決心和意志。只有具備了這些東西，你才不會在偌大的人群中人迷失方向。你的問題，你的迷惑，別人不會幫你解決，也沒辦法幫你解決，你只能依靠自己去解決，自己把握自己的命運、幸福和成功。

一輛火車，不管製造得多麼精緻，若缺少蒸氣的動力，將

寸步難移。蒸氣是火車的動力,熱情就是人的動力。一個人不管能力多麼非凡,才能多麼全面,除非他滿懷熱情,否則一定與成功無緣。就像蒸汽推動火車前進一樣,熱情推動一個人前行。不論你從事何種職業,你都需要這種動力,它能讓你飛越障礙,克服千難萬險,勇往直前,實現目標。

熱情帶給你無限的動力,激起你深藏在體內的潛力,可以彌補你能力上的不足,幫你走向成功。

與企業同進退

當你選擇一個公司並成為其中一員的時候,這就意味著你踏上一艘駛向成功碼頭的輪船,包括你自己,公司老闆以及其他員工都是同一條船上的乘客,在未來的風雨歲月中,水手只有全力以赴地保障輪船的安全,專心致志地使其在航道上平穩行駛,同舟共濟,大家才能把握自己的命運。

專注精神是現代職員打造錦繡職場前程的根本保證。因此,樹立專注的職業精神勢在必行,它不僅是現代企業的需要,更是個人職場前程發展的需要。那麼,如何培養自己的專注精神呢?我認為,首先應該培養自己時刻關注企業命運的意識,把個人的命運與企業的命運連在一起,這是很重要的一個方面。

　　自然界中豆科植物的根部生有根瘤菌，這種菌具有固氮的功能，為豆科植物提供了豐富的營養；同時它又藉助豆科植物獲得了生存的空間，這種相輔相成、相依相生的現象在生物學中稱為共生現象。企業與員工之間也是依靠這種共生現象而生存的。

　　薩蘇爾在芝加哥一家有名的廣告公司工作，公司總裁邁克・約翰遜年紀比薩蘇爾稍微大幾歲，管理精明，為人親和。薩蘇爾進入公司後不久，便由於傑出的工作能力提升為總裁助理。在商務談判中，薩蘇爾的談吐令許多客戶所敬佩。

　　儘管自己是憑藉工作實力獲得提升的，但薩蘇爾仍對總裁心存感激之情，心裡暗暗發誓：我一定要把全部精力都聚集到公司的事業上，與公司共命運！

　　當時，公司正在策劃一個大項目 —— 在城市的各條街道做廣告。每條街上都有幾十個廣告位，全市至少有幾千個。很顯然，效益是相當可觀的。

　　可是，半年以後風雲突變。當全套審批手續批下時候，公司卻因資金缺乏，完全陷入停滯狀態，銀行也拒絕伸出援助之手。

　　然而，就在這個困難時期，薩蘇爾建議道：「可以向全體員工集資。」總裁笑笑，無奈地拍拍他的肩膀說：「能集多少錢？公司又不是幾十萬就能擺脫困境，集資幾十萬只是杯水車薪，

連一個缺口都堵不住。」

當約翰遜總裁召集全體員工陳述公司的現狀時，一下子人心渙散，再沒有幾個人專心做好自己該做的事情了，更有甚者開始尋找「下家」。在支付了薪水後不到一個星期，公司只剩下屈指可數的幾個員工時，有人來高薪聘請薩蘇爾，但他只說：「公司前景好的時候，給了我許多，現在公司有困難的時候，我得和公司共度難關。只要約翰遜總裁沒有宣布公司倒閉，我始終不會離開公司，哪怕只剩下我一個人。」

不久，公司只剩下薩蘇爾一個人陪約翰遜總裁了，總裁歉疚地問他為什麼要留下來，薩蘇爾微笑地說：「既然上了船，船遇到驚濤駭浪，我們就應該同舟共濟。」

街道廣告屬於都市計畫的重點項目，他們停頓下來以後，在政府的催促下，公司將這來之不易的項目轉讓給另一家大公司。在簽訂合約的時候，約翰遜總裁提出了一個不可迴避的條件：薩蘇爾必須在該公司裡出任項目開發部經理。

約翰遜總裁向那家公司鄭重地說：「這是一個很難得的人才，無論在何時都能與你風雨同舟。把自己的命運與公司的命運緊緊連在一起的人，只會心無旁騖地為公司的發展而積極主動地工作，這是世界上最可貴的人才。」

新公司的總裁握著他的手微笑著說：「這個世界上能與公司共命運的人才非常難得，或許以後我的公司也會遇到各種困

難，我希望有人能與我同舟共濟。」

薩蘇爾在以後的 30 年裡一直沒的離開過這個公司，而且從沒有鬆懈，一直堅持不懈地努力工作。也正是因為這個原因，如今他已經成為這家公司的副總裁。

當問到薩蘇爾為何如此專注的祕訣時，他說：「員工與公司的關係是『一榮俱榮，一損俱損』，個人專心致志地工作。必能加強公司在行業中的競爭力。公司發展了，個人的利益和發展才有保證。希望每一位員工都能把自己的命運與企業的命運緊緊連在一起。」

在投資方面，「不要把所有的雞蛋都放在同一個籃子裡。」但在工作上我要說：「把你所有的雞蛋都放在同一個籃子裡，因為專注一個『籃子』很容易，但專注多個『籃子』，只能使自己過多地浪費時間和精力，最終也不會有太多的收穫。」

身為組織的一員，只有與公司同甘苦共患難，才能贏得上司的信任。而且，每個員工只有把企業的命運看作自己人生的命運，才會全心全意地工作，換句話說，只有與公司共命運的人，才能有專注工作的精神，也才有錦繡的職業前程。

其一，為公司創造利益。在今天的職場中，每一個公司為生存和發展秉承著「利潤至上」的原則。因此，身為員工，首先要考慮的就是為公司賺了多少錢，是否高過你的薪水。

每個員工都要全力以赴為公司賺錢，這是每個員工的責任

和使命。一旦一個員工在心裡有了這種使命感和責任感，並習慣基於這種理念行事，那麼一定會為公司創造最佳效益。因此，千萬不要以為只要做一個聽老闆話的員工就夠了，你應把為公司創造最大利潤作為你最重要的目標。

其二，為公司節約。今天很多行業都充滿了殘酷的競爭，而且各個行業都進入了微利時代。公司要想獲利必須節約成本。然而，在一些公司裡，很多職員有時候總是大手大腳，甚至想方設法從中獲取私利。

其三，無論公司遇到什麼，永不後退。一旦聽到公司遇到什麼危機就辭職不做的人，是難以獲得成功的。一個能夠時刻與公司共命運人能獲得最多。的成功和獎賞。

只有把公司的命運與個人的命運緊密相連，才能大河有水小河滿，否則就是大河無水小河乾。正如俗話說：鍋裡頭都沒有，碗裡怎麼會有呢！

專注貫穿職業生涯

從個人的角度而言，職業生涯是指個人根據對自身的主觀因素和客觀因素的分析，確立自己的職業生涯發展目標，選擇實現這一目標的職業，以及制定相應的工作、培訓和教育計畫，並按照一定的時間安排，採取必要的行動實現職業生涯目

標的過程。個人職業生涯一般包括自我剖析、目標設定，目標實現策略、回饋與修正等四方面的內容。

　　個人職業生涯的是以專注打造職場前程的前提之一。首先，個人只有對自己有全面、深入、客觀的分析和了解，才能選定一個自己感興趣的職業。興趣是動力的泉源，只有對某一職業有濃厚的興趣，自己才可能心甘情願地專注工作。對自我剖析不好，很可能會選擇一個自己不感興趣或興趣不足的職業，這樣就好似「牛不喝水強按頭」，當然就不利於充分發揮一個人的專注精神。

　　第二，就整個個人職業生涯規劃來說，目標設定是必不可少的。設定一個較為明確的目標，也是工作者能專注工作必不可缺的。因為專注需要明確的工作目標，否則，今天做這個，明天做那個，絕不可能有突出的業績。

　　第三，在職業生涯時，制定各種實現目標的策略，例如參加公司培訓和發計畫，參加業餘時間的課程學習等等，這些將為個人專注工作提供保障，不致成為做好工作的妨礙因素。

　　因此，無論是初入社會的學子，還是資深職員，在現代組織中只能以專注致勝，而專注則源於對個人職業生涯的合理規劃。

　　職業生涯是一個人從職業學習開始到職業勞動最後結束這一生的職業工作經歷過程。人的一生主要是在職業生活中度過

的，人的生命價值取決於職業生涯的成功與否。專注員工在整個職業生涯中都全力以赴、積極主動地工作。否則，哪怕是在結束這一生的職業工作的最後時刻，有些微的鬆懈，也對你一生有著重要的影響。

有個老木匠，勤懇地工作了幾十年之後，他準備退休回家享受兒孫滿堂之福。於是他告訴老闆，說要離開這裡回家享受天倫之樂。

在老闆眼中，老木匠不但有著一手好活計，更難能可貴的是，老木匠從業幾十年，無論是做學徒工還是當師傅，他總是全力以赴地工作，善始善終。這樣的好工人，是十分難得的。所以老闆便極力挽留。然而，老木匠決心已下，怎樣勸說也不為所動。老闆只得答應，但他希望老木匠臨走之前再幫忙建一座房子。老木匠毫不猶豫地答應了。

土石木料備齊後，開始蓋房。在蓋房過程中，大家都看得出來，老木匠用料不再像往日那麼嚴格了，做出的活計也不再追求精細、完美。很顯然，老木匠的心已不在工作上了。

房子很快建好了，老闆把鑰匙交給了老木匠，說：「你辛辛苦苦為我工作這麼多年，我把這所房子作為禮物送給你。」

老木匠愣住了，懊悔和羞愧隨即爬上臉龐。他這一生蓋了許多好房子，最後卻為自己建了這麼一座粗製濫造的房子。

孟子云：「雖有天下易生之物也，一日暴之，十日寒之，未

有能生者也。」比喻做事時而專心致志，時而懈怠不堪；沒有專注精神，即使有成功的潛能，也不可能成功的。在職場中這個道理同樣適用。身為組織中的一員，一定要善始善終，即在整個職業生涯中，始終要集中精力、堅持不懈地工作。

專注對個人的職業精神和道德發展有很大的影響。如果一個人養成「三天打魚，兩天晒網」的習慣，他就不可能會認真工作，而工作是人生命價值的重要展現，於是，他就會輕視自己，一個不尊重自己的人，也就逐漸失去了自信。而一旦失去了自信和自尊，這個人就再也不可能做好工作了。而低品質的工作會讓人降低對自己的要求，讓天賦和經驗一點點消逝，最後導致個人的整個系統癱瘓。所以，應以專注打造自己的整個職業生涯。

然而，在工作中，很多人都不能始終如一地專心做事，缺乏堅持下去的恆心，這種現象在跳槽者和退休者身上表現最明顯。跳槽者找好了「下家」，便把以前專心致志工作的幹勁鬆懈下來，以致和老東家弄得很不愉快，使自己的聲譽在業界受到損失。而退休者認為自己快要退休了，敷衍了事、過得去就行了，於是，出現很多「晚節不保」者。

所以，奉勸各位，無論從事什麼工作，都要把「專注」作為自己整個職業生涯的座右銘。

忠誠是晉升之路

在一項面對世界著名企業家的調查中,當問到「您認為員工應具備的特質是什麼」時,他們幾乎無一例外地選擇了「忠誠」。他們認為,一盎司忠誠相當於一磅智慧。

專注員工對公司都是非常忠誠的,因為他們對公司和工作都是一心一意的。忠誠是專注的最好展現。

李‧艾科卡(Lee Iacocca)受命於福特汽車公司面臨重重危機之時,他大刀闊斧地進行改革,使福特汽車公司走出了危機。後來,小福特因嫉妒艾科卡的成就,處處排擠他。儘管如此,艾科卡仍為公司努力工作,親人和朋友對此很不理解。艾科卡說:「只要我在這裡一天,我就有義務忠誠於我的企業,我就應該為我的企業竭力地工作。」

後來,艾科卡離開了福特汽車公司,但他仍很欣慰自己為福特公司所做的一切:「無論我為哪家公司服務,忠誠都是我的第一準則。我有義務忠誠於我的企業和員工,任何時候這一點都不會改變。」

對一家企業來說,員工的絕對忠誠是首要條件。因為一個員工只有忠誠於自己的公司、老闆和工作,他的全部智慧和精力才可以專注在這個事業上,這是專注員工最突出的表現之一。

專注員工的忠誠首先應該是對自己的企業忠誠。一家著名

公司的人力資源部經理說：「當我看到應徵人員的履歷上寫著一連串的工作經歷，而且是在很短的時間內，我的第一感覺就是他的工作換得太頻繁了，頻繁地換工作並不能代表一個人工作經驗豐富，而是更說明一個人的忠誠度，如果他能專注於自己的工作、自己的企業，就不會輕易離開，因為換一份工作的成本也是很大的。」

很顯然，沒有哪個公司的老闆會用一個對自己公司不忠誠的人。

專注員工事事忠誠於企業的領導者，這也是確保整個企業能正常執行、並健康發展的重要因素。著名的麥克阿瑟將軍（Douglas MacArthur）說過：「士兵必須忠誠於統帥，這是義務。」正如工蜂必須忠誠於蜂王，才能確保整個組織的和諧統一。

專注員工必然是個忠誠的員工──熱愛本職工作，有強烈的責任感，能充分承擔本職工作的經濟責任、社會責任和道德責任，不做任何與履行職責相悖的事，不做那些有損於企業形象和信譽的事，時時刻刻維護公司的利益。

然而，現在職場上的誘惑、陷阱無處不在，很多公司都有這樣的員工，為了一己私利，不顧公司的利益，將公司的商業機密賣給別人，但是最後他們的結局又是怎樣的呢？為了私利而放棄忠誠，這將會成為個人人生和事業中永遠抹不去的汙點。

坎菲爾是一家企業的業務部行銷員，年輕能幹，工作短短

兩年便晉升為副經理。能夠有這樣的業績也算表現不俗了。然而剛剛上任不久，他卻悄悄離開了公司，同事們誰也不知道他為什麼離開。

坎菲爾在離開公司之後，找到了與他關係不錯的同學埃文斯。在酒吧裡，坎菲爾喝得爛醉，他對埃文斯說：「知道我為什麼離開嗎？我非常喜歡這份工作，但是我犯了一個錯，我為了獲得一點小利，失去了作為公司職員最重要的東西。雖然總經理對我很寬容，沒有追究我的責任，也沒有公開我的事情，但我真的很後悔，你千萬別犯我這樣的低級錯誤，不值得啊！」

埃文斯儘管聽得不甚明白，但是他知道同學很後悔。後來，埃文斯知道了事情的全部真相 —— 坎菲爾被提任業務部副經理之前，曾經收過一筆款項，業務經理說可以不入帳：「沒事，大家都這麼做。你還年輕，以後多學著點。」坎菲爾雖然覺得這麼做不妥，但是他也沒拒絕，半推半就地拿下了 5,000 美金。當然，業務部經理拿到的更多。沒多久，業務部經理就辭職了，後來總經理發現了這件事，坎菲爾不能在公司待下去了。

無論從事什麼職業，都應遵守職業道德，而不能見利忘義。在我看來，忠誠所任職的公司和老闆是每個職員的義務，專注員工更是必備的。

忠誠的員工總是全力以赴地工作，只關注如何比別人做得更好，而不會心有旁騖，更不會謀公司利益而飽私囊。無疑，

專注而忠誠的員工在哪裡都會得到重用。

　　柯爾是一家金屬冶煉廠的技術骨幹，由於企業準備改變發展主向。柯爾覺得如此一來企業目標將與自己的職業生涯目標相牴觸，會妨礙自己的專注工作，於是他準備換一份工作。

　　由於柯爾原來工廠在行業上的影響力以及他自身的能力，他要找一份工作是輕而易舉的事情，很多公司很早以前就來挖過他，但是都沒有成功，這次是柯爾主動要走，很多公司都認為是獲得他的絕好機會。

　　很多公司對柯爾都給出了很高的條件，但是柯爾意識到這種高條件後面一定隱藏著另外一些東西。柯爾知道不能為了某些優厚的報酬而背棄自己的某些原則。因此，柯爾拒絕了很多公司的邀請。最後柯爾決定去全美最大的金屬冶煉公司應徵。

　　負責面試柯爾的是該公司負責技術的副總經理，他對柯爾的能力沒有任何挑剔，但是卻向他提了一個讓柯爾很失望問題：

　　「我們對你出色的資歷和能力都很滿意，真心希望你成為本公司的一員。我聽說你原來的廠家正在研究一個提煉金屬的新技術，聽說你也參與了這項技術的研發，我們公司也在研究這門新技術，你能把你原來廠家研究的進展情況和取得的成果告訴我們嗎？你知道這對我們公司意味著什麼？這也是我們聘請你來我們公司的原因。」

　　「你的問題讓我十分失望。儘管市場競爭確實需要一些非

常手段，但是我不能答應你的要求，因為我絕不會背叛我的老闆，儘管我已經離開它了，但任何時候信守忠誠比獲得一份工作重要得多。」

柯爾的親朋好友都為柯爾的回答感到惋惜，因為這家企業影響力和實力比他原來的工廠要大得多，在這裡獲得一個工作是無數人夢寐以求的，但是柯爾卻放棄了這個絕好的機會。

然而，在面試後的第二天，柯爾收到了一封信，在信中那位副總經理這麼寫道：「年輕人，你被錄取了，並且是做我的助手，不僅是因為你的能力，更因為你的忠誠。」

無論在哪個公司，你都應該保守公司和老闆的機密，對公司的各種事情都不能隨便張揚，一定要守口如瓶。因為背叛公司和老闆，就意味著背叛自己，意味著背負著沉重的十字架，一旦心有雜念，必使思想出現波動，不能專一，影響自己進行專注工作。

理解老闆的意圖

某小鎮有青紅兩塊石質特佳的巨石，它們每天都默默地站在山崗上，品味著紅塵中的瑣事。

有一天，有幾個石匠來到巨石旁，東瞧瞧，西看看，並在

它們的身上鑿起來。經過研究分析，為首的石匠指著紅石說：「這塊紅石比青石石質更佳，就用紅石吧！」

於是，幾個石匠便在紅石的身體上打鑿起來。第一天，紅巨石咬緊牙關，默默地忍過來。等到石匠們走了以後，紅巨石看著自己被鑿得遍體鱗傷，見鄰居完好無缺地站在那裡，不禁氣憤之極，暗暗打定主意。

第二天，石匠們來了以後，拿出工具正要動手，紅石大聲地喊道：「幾個老東西，為什麼要讓我受如此折磨，你們為什麼不選青石，我是不會讓你們如願的。」為首的石匠說：「你這個頑石，我們之所以如此，並不是要折磨你，你應該明白我們的用意，你以後會明白的……」

紅石不等石匠說完，便喊道：「別騙人了，讓你們修理成這樣，會得到什麼好處。你們另請高明吧，我可不想得到你們賞識。」

石匠見紅石頑固不化，經過商量，便決定用石質略次一等的青石。對些，青石毫無怨言，默默地承受著一切。

經過幾個月的鑿打和打磨，青石成了一尊栩栩如生的佛像。完工的第二天，小鎮的居民便歡天喜地地把青石迎進鎮裡，並商量為它建一座廟宇。有人建議佛堂裡鋪上光滑的石面。

於是，紅石被鑿碎、分割、打磨，鋪在佛堂裡。紅石見到高高在上的青石佛像，氣沖沖地說：「你原來沒有我品質好，可

現在我躺在這裡受萬人踩踏，整天弄得灰頭土臉的。而你卻高高在上，受萬人膜拜。這是怎樣一個世道呀，為什麼如此不公平？」

青石不驕不躁地說：「紅石兄，我是經過了幾個月的打磨才站在這裡的。當初石匠們都對你充滿了期望，可你卻一意孤行，把他們對你的期望認為是痛苦的折磨，你今天落到如此下場，還有什麼抱怨的呢？」

紅石聽後，慚愧地低下了頭。

從這個寓言故事可知，專注工作的同時，一定要讀懂老闆對你的期望。道理很簡單，因為只有讀懂了老闆對你的期望，你才可能專心致志地為企業的終極目標而努力，而不致使自己努力的方向偏離企業發展目標，從而產生抱怨之心，毫無工作興趣。

此外，了解了老闆對你的期望，你總是能讓老闆感到你比別人強的感覺，他將會對你建立起更高信任與依賴，從而在分配有限的資源時向你傾斜。

既然如此，應該怎麼做才能讀懂老闆的期望值呢？那麼，讓我們先了解老闆對你有哪些期望？

老闆對你最基本的期望是始終無一地專心本職工作並準時完成。現在的公司裡，很多職員做事漫不經心，三心二意，拖拖拉拉。這是老闆是最惱火的了。因此，身為公司中的一員，

在接受任務後，把完成工作的時間記在心裡，然後一心一意地努力工作，不能像釣魚的小貓一樣，一會捕蝴蝶，一會捉蜻蜓，以至最後一無所獲。

老闆對你最重要的期望是熟悉自己的工作職責，能自主地展開工作。隨著現代組織結構的扁平化，老闆身兼多種角色，在這樣不堪重負的情況下，員工應做好工作領域內的各項任務，以專業致勝。

身為員工，老闆的期望猶如燈塔，可成功引導我們達到勝利的彼岸。

努力工作，取得成就

要求員工專注本職工作，但並非要你默默無聞地埋頭苦幹。有時候，只有勤奮是不夠的，你必須引起老闆的注意，讓老闆看到你的成績，這樣你才可能會踏上錦繡的職場前程。

有個承包工程的老闆，親自監督一幢摩天大樓的興建工作。一名衣衫襤褸的男孩走到這位大老闆身旁，問道：「我長大之後，怎樣才能像你那麼有錢？」

這位老闆看了一眼那個男孩，然後說：「買件紅色襯衫，然後用心去工作。」

小男孩顯然不明白那個老闆的意思。於是，那位老闆用手指指那些往來於大樓各層鷹架的工人，然後對小孩說：「你看看那邊的工人，他們全都是我的員工。我不記得他們的名字。而且，他們之中，有些人我從未見過，但你看看那個穿紅衣服的。他能讓你一眼就注意到他，因為人家都穿藍色，只有他一個人穿紅色的。我之所以注意到他，是因為他穿著與眾不同的衣服。我打算上那去，問他願不願做工地的監工。他肯做的話，日後也一定會升遷，搞不好會當上我的副經理。

　　「其實，我以前也是這樣做起來的。我要求自己工作比別人用心，比別人好。我跟大家一起穿工人褲，但我的上衣是一件與眾不同的條紋襯衫。這樣，老闆才會注意到我。我專心致志地工作，最後真的受到老闆的注意和賞識。升遷後，我存了一筆錢，自己開公司當老闆。我就是這樣闖出今天的局面的。」

　　在企業中，一切以業績為導向，如果老闆看不見你的業績，絕不會幫你加薪，提供發展的機遇，而這兩方面卻是保證員工專注工作的動力。毫無疑問，讓員工在沒有任何激勵機制下專注工作是很難的。因此，在用心做好工作的同時，加一些「巧思」的策略。付出既然有所收穫，必然更能激勵自己全心付出。

　　在我們身邊有這樣的人，他專心致志地工作，他勤奮、忠誠、守時、可靠並且多才多藝，全心全意地為公司付出時間與

精力，他應該是前途光明。但事實並非如此，他什麼也沒有得到。別人，比他差很多的人，都不斷地獲得升遷及加薪。究其原因，在於他不懂得表現自己，老闆從來沒有注意到他。時間一長，付出與回報不成正比，因此他開始失去工作興趣，牢騷滿腹。錯在誰呢？老闆還是員工自己？

讓老闆看到你的業績是保證你始終專注工作的主要因素。所以，向老闆推銷自己，讓老闆看到你的表現，這就需要你在本職工作上要力求做到最好，事無大小，都應全力以赴。

除了讓有權控制升遷的人知道你有優良表現之外，在同事面前，一樣要保持最佳狀態，要讓同事也覺得你辦事能力強，因為同事對你的評價，也是上級考慮是否提拔你的因素。但是，要提醒自己，適當地表現自己和以不正當的手段吸引別人的注意，是完全不同的。真正的自我推銷必須是有創意的，是需要良好技巧的。記住，表現自己必須是光明正大的，不能打擊或貶抑別人的價值。

與同事和諧相處

一個人總要活在一個群體裡，在群體裡生活就不可避免的要與人交往，上班族更是如此。一個工作者一生中有三分之一的時間要消耗在辦公室裡。如此，與辦公室裡的同事融洽相處

便是莫大的學問了。下面這則小故事可能會給您很大的啟發。

　　森林深處，有十幾隻刺蝟正凍得直發抖。為了取暖，牠們只好緊緊地靠在一起，卻因為忍受不了彼此的長刺，很快就各自跑開了。可是天氣實在太冷了，牠們又靠在一起取暖，然而靠在一起時的刺痛，又使牠們不得不再度分開。

　　就這樣反反覆覆地分了又聚，聚了又分，不斷在受凍與受刺兩種痛苦之間掙扎。最後，刺蝟們終於找出一個適合的距離，既可以相互取暖而又不至於會被彼此刺疼。

　　若想要專注工作，必須與同事們有融洽的關係。前面我們已不止一次提到，人際關係直接影響個人工作時的專注程度、工作的業績。如果沒有融洽的人際關係，首先自己的情緒波動使自己無法專心工作；其次，團隊成員將拒絕為你提供幫助。所以，必須妥善解決同事們的人際關係，營造和睦的關係網。這將為你專注工作提供保障。

　　凱薩琳是芝加哥一家紡紗廠的工業工程督導，她才華橫溢，雷厲風行，深得上司器重。只是由於過於自信且脾氣暴躁經常因意見不一致而與同事、下屬發生爭吵。儘管凱薩琳只是對事不對人，但別人心裡卻始終很不痛快，私下裡送了她一個綽號——「狂躁的母獅子」。年度考評時，也因為沒有良好的口碑而影響了升遷。

　　由凱薩琳的經歷中可知，人際關係不是小事，任何不融洽

的人際關係都會導致矛盾、分歧和誤解，而這非常不利於專注工作。在這個個性張揚的時代，每個職場中人都有「刺」，而職場中又需要人與人之間的協助，因此，必須象取暖的刺蝟一樣，找出一個適合的距離，以免刺傷別人、損害自己。

尊重公司每一個人，這是人際處世的哲學。在職場這個大環境中，不可避免地要與各色人等交往。尊重公司每一個人，與大家關係融洽，心情才會舒暢，給自己營造一個良好的工作氛圍。這樣有利於自己專注工作，而且這有利於自己在公司中有好口碑，有利於自己的身心健康。

因此，用友善的目光注視別人，對每一個人投以微笑，用友好的方式來表達自己，別人也會以同樣的方式來回報你。尊重公司裡的每一個人，不管他的地位是否卑微。這不僅僅是個想法，更需要你切實地貫徹到工作當中。

電子書購買

爽讀 APP

國家圖書館出版品預行編目資料

職場導航，設計個人生涯規劃，描繪未來藍
圖：引領職場成功之路，從選擇到成功，掌握
職業生涯的方向 / 殷仲桓，邢春如 編著 . -- 第
一版 . -- 臺北市：財經錢線文化事業有限公司，
2024.05
面；　公分
POD 版
ISBN 978-957-680-868-5(平裝)
1.CST: 職場成功法
494.35　　113004670

職場導航，設計個人生涯規劃，描繪未來藍圖：引領職場成功之路，從選擇到成功，掌握職業生涯的方向

臉書

編　　　著：殷仲桓，邢春如
發 行 人：黃振庭
出 版 者：財經錢線文化事業有限公司
發 行 者：財經錢線文化事業有限公司
E - m a i l：sonbookservice@gmail.com
粉 絲 頁：https://www.facebook.com/sonbookss/
網　　　址：https://sonbook.net/
地　　　址：台北市中正區重慶南路一段六十一號八樓 815 室
Rm. 815, 8F., No.61, Sec. 1, Chongqing S. Rd., Zhongzheng Dist., Taipei City 100,
Taiwan
電　　　話：(02) 2370-3310　　傳　　真：(02) 2388-1990
印　　　刷：京峯數位服務有限公司
律師顧問：廣華律師事務所 張珮琦律師

定　　　價：299 元
發行日期：2024 年 05 月第一版
◎本書以 POD 印製
Design Assets from Freepik.com